愿你／毫不畏惧地面对这个世界

MISU 米苏 著

石油工业出版社

图书在版编目（CIP）数据

愿你毫不畏惧地面对这个世界／米苏著．—北京：石油工业出版社，2018.4
ISBN 978-7-5183-0597-1

Ⅰ.愿…　Ⅱ.米…　Ⅲ.人生哲学—通俗读物
Ⅳ.B821-49

中国版本图书馆 CIP 数据核字（2017）第 013177 号

愿你毫不畏惧地面对这个世界
米苏 著

出版发行：石油工业出版社
（北京安定门外安华里2区1号楼　100011）
网　址：www.petropub.com
编 辑 部：（010）64523643　图书营销中心：（010）64523633
经　　销：全国新华书店
印　　刷：北京晨旭印刷厂

2018年4月第1版　2018年4月第1次印刷
880×1230毫米　开本：1/32　印张：7.5
字　　数：175千字

定　　价：36.80元

（如发现印装质量问题，我社图书营销中心负责调换）

前言
Preface

丹麦思想家克尔凯郭尔，生来驼背跛足，体弱多病，一生一贫如洗，生命亦如昙花般短暂，可他却度过了极其快乐的一生。你若是他，你会对贫穷而短暂的人生感到幸福吗？

美国赛车手吉米·哈里波斯，从死神手中挣脱出来时，手已经萎缩得像一个鸡爪。当所有人断定他无法继续赛车生涯的时候，他却重返了赛场，还赢得了冠军。你若是他，你有勇气在身心饱受煎熬之后，让一切重新开始吗？

维也纳精神病学家维克托·弗兰克尔，因犹太人的身份，与其家人一并被送到纳粹集中营。他怀孕的妻子和大多数人的家人在集中营里带着绝望离世，而他却无时无刻不在想着逃离的办法。最终，他趁人不注意，混进尸体群里，逃离了集中营。你若是他，在面对生离死别的巨大悲剧、置身于四面楚歌的境地时，你还会对生活、对未来充满希望吗？

活在这个变幻莫测的世界里，我们都不知道，明天和意外哪个先到来；我们也都猜不出，究竟要经过多少磨难，才能求得安稳的幸福。也许，你曾怀疑过人生，怨恨过命运，为过去或现在正经历的苦闷、迷茫而踟蹰不前，艳羡着别人的生活，觉得“他”比你幸运，比你幸福，自顾自怜。

其实呢？成年人的世界里，没有谁比谁更容易，只是那些年、那些人背后的付出你看不到而已。不存在去年容易今年困难、今年困难明年容易，人人都有挣扎与努力，都有困惑与宿命。只是，有人习惯呼天喊地，有人选择静默坚守；有人习惯怨怼悲伤，有人选择独自坚强。但有一点，你我都必须承认，当失败与痛苦降临时，恐慌逃避、怨天尤人，终究无济于事。只有坚定地相信，一切都会过去，鼓起勇气去面对，才有可能峰回路转，柳暗花明。

作家石勇曾经说过："一个人在心理上输了，很多时候在这个世界就输了。心理弱小的人不仅难以避免自己被人在心理上吞食，甚至有可能因为自己内心的弱小，而输掉整个人生。"

换言之，活在险恶丛生的世界里，内心一定要强大。心若躁动不安，红尘中极细的风，物质世界极小的雨，都会引起宕动与迷乱；心若坚定如磐，任尔狂风骇浪，我自闲庭信步。

你一定想问：究竟如何，才称得上内心强大？究竟怎样，才算得上直面惨淡的人生？

当你可以忽略外界的质疑，不需要用别人来证实自己幸福的时候；当你可以驾驭自己的心，不轻易言进，不轻易言退的时候；当你能够克服浮躁，勇敢与生活握手言和的时候；当你学会了如何去爱，如何理解别人，如何包容所有不完美的时候；当你明白自己真正需要什么，并敢于去追寻的时候；当你有自己的精神归属，任何事摆在你面前都能够宠辱不惊，处之泰然的时候……你，做到了吗？

但愿，此书能唤醒你心灵的能量，让你在不久后的一天，成为一个内心强大的自己，毫不畏惧地面对这个世界。

目 录
Contents

第3章　生活难免有些累，学会自我温暖和慰藉

第4章　把心灵慷慨地敞开，才能包容整个世界

第5章 认清生活的真相，继续热爱生活

第6章 有些东西早该割舍，有些事情早该放下

第7章　把后半辈子还给自己，追随内在的声音

第1章

在失重的时代，澄净一颗浮躁的心

世界越来越浮躁，人心越来越慌张。多少人都在你追我赶地生活，害怕跟不上时间的脚步。在忙乱与慌张中，有人焦虑不安、有人情绪失控、有人怨声载道、有人迷失自我。其实，在这个失重的时代，可怕的并不是生活本身，而是那颗浮躁带着戾气的心。澄净内心，坦然地接纳生活，从容地过日子，在自己的轨道上慢慢行走，你终会发现：生活没那么糟糕，也没那么可怕。

真正的勇敢是内心不惊不惧

曾在某篇文章中读到过这样一段话："年轻的闯荡，让我们不知疲倦与劳累，青春年华，让我们的娱乐玩耍推到顶峰，天不怕，地不怕，敢闯敢打，因为这些，让我们努力赚钱，或许是我们太贪玩，忽略了少许的爱恋，忽略了那些整日为我们艰苦奋斗的父母、兄弟姐妹，忘记了我们肩负的责任，这是年轻气盛。"

在不谙世事的年纪里，多少人都曾以为，摆出一副什么都不怕的姿态就是勇敢，却不知道，对自己毫无约束的人，并非真正的赢家。因为，当一个人面对任何的威胁都无所畏惧时，任何的危险都无法唤起他的恐惧和迟疑，任何的提醒与阻止也都变得毫无意义，那就是刚愎自用，自以为是。

一个民营企业家，凭借着一股闯劲儿，二十几岁就创办了自己的公司。别人都说，他是将军型的老板，冲锋陷阵，无所畏惧，非常有创造力，想到就去做，完全不计后果。许多人只看到了这一面，大赞他有魄力，可在他的身后，还有那么一群人，一次又一次地面带愁容地为他解决麻烦，他们就是公司的高管。可见，有闯劲儿固然好，可若什么都不思虑，不顾后果，也未必算得上“真英雄”。

对于勇敢的理解，还有些人将其等同于表面上的“赢”。不分环境与场合，肆无忌惮地发脾气，与人针锋相对，以此彰显自我。殊不知，在言语上毫无约束，并不代表有个性，只不过是将自己的缺点和素养暴露无遗。

曾经，小布什与普京举行过一次会晤。小布什在会晤前，毫不客气地指责俄罗斯“民主倒退”，然后在会晤期间又继续滔滔不绝地给普京上民主课，还扬言要把“民主”带到摩尔多瓦、白俄罗斯等俄周边国家，可以说是气势逼人，全然不顾普京的感受。

面对小布什近乎歇斯底里的讲演，普京始终一脸平静，不但没有反驳，还极力呵护美俄关系。谁都没想到，普京会如此淡定，接纳了眼前发生的一切。事后，世界媒体近乎一边倒地批驳小布什对其他国家的内政指手画脚的行为，同时大力褒扬普京优雅温和的态度，称赞他“为保持大国间的战略平衡做出了牺牲”，为俄罗斯争取到了经济、技术和贸易等方面的好处，赢得了发展的空间。

对于普京而言，他的隐忍其实是一种策略。在当时，实在不是和美国就“民主”问题而纠缠的时候，俄罗斯所面临的最严峻的形势是要发展自己的国力。为此，普京收敛了自己的锋芒，避开了小布什来势汹汹的挑衅。

想想看，以普京的身份和地位，他居然能在这个时候将自己的情绪控制住，谁又敢说，这样的隐忍不是一种识大局的表现？倘若当场与之对峙，也许会在言辞上占据上风，但丢了气度与风度，实在是得不偿失。事实上，有时沉默比争辩更有力量。

怎样才算得上真正的勇敢？怎样才能够在这个浮躁复杂的世界里游刃有余地、心安理得地、不卑不亢地活着呢？这个答案，许多人都在追寻。

铃木大拙曾经在其著作中讲到日本江户时期的一件事。当时，有一个著名的茶师，他跟随着一个名声显赫的主人。一天，主人想要到京城里办事，便提出要带茶师一同去，如此就能每天喝到他泡的茶。在那个年代，四处都是浪人、武士，茶师心里很害怕，只得说："你看我，只会泡茶，又不懂武艺，万一路上遇到麻烦可怎么办？" 主人说："没关系，你只要打扮成武士的样子，挎一把剑，不就行了吗？你跟着我走吧！" 结果，茶师就换上武士的衣服，跟随主人出门了。

到了京城，主人去办事，茶师自己在街上溜达。没想到，怕什么来什么，他真的遇上了浪人。浪人见茶师穿着武士的衣服，就上前挑衅要与之比剑。茶师见此情形，只好老实地说出了自己的身份。没想到，浪人得寸进尺，说茶师假扮武士有辱尊严，想杀了他。茶师跟他说，主人交给自己的事情还没办完，让浪人给他几个小时，下午再在这个地方见面。

之后，茶师去了京城里最大的武馆，没想到学剑的人在门前排着长队。他拨开人群冲了进去，直接找到大武师，求对方教自己一种作为武士最体面的死法。大武师惊呆了，要学武的人都是为了求生保命，怎么还有人求死呢?

茶师把事情的原委告诉了大武师。大武师得知他是茶师，便让他为自己泡一遍茶。茶师想了想，伤感地说："这可能是我在世界上泡的最后一遍茶了。"于是，他做得很用心，从容地看着山泉水在小炉上烧开，然后把茶叶放在里面，洗茶、滤茶，再把茶倒出来，捧给大武师。

大武师一直看着这个过程，他喝了一口茶后说道："这是我一生中喝到的最好的茶，但在这个时刻，我可以告诉你，你已经不必死了。"茶师以为大武师要教给他什么功夫，不料大武师却说："我不教你什么功夫，你只要记住，用泡茶的心去面对那个浪人。"

茶师听后，如期与浪人赴约。浪人很嚣张，当时就拔剑相对。茶师想起大武师对自己说的话，用泡茶的心面对他。所以，茶师并不着急，他笑着看了看对方，取下自己的帽子，端正地放在旁边，然后解开身上宽松的外衣，慢慢地叠好，压在帽子下。接着，他把里面的衣服袖口扎紧，又把裤腿也扎紧，从头到脚一点点地装束自己，始终气定神闲。浪人见此情景，心里愈发感到惶恐，他不知道对方的武功有多深，单看茶师的眼神和笑容，他就吓得心虚了。

茶师整理好装束之后，拔出剑来，大喝一声，停在了那里。再往下该怎么办，他也不知道。可就在这时，浪人扑通一声跪倒在茶师面前，祈求饶命，并说茶师是他见过的武功最高的人。

故事讲完了。其实，它只是想告诉世人：真正的勇敢，很多时候并非表现在外部的力量，而是体现在内心的信念和整个人的气场。小勇，血气所为；大勇，义理所发，在纷乱而复杂的世间行走，需要理性的头脑和淡定的心，如此才是真正的不畏惧。

别说你活得累，没有谁比谁容易

一个从海外留学归来的女孩，回国后只身来到北京找工作。她踌躇满志，想在这个大城市里找到自己的立足之地。同时，她也得意于自己那说出来能够惹来羡慕的眼神和唏嘘之声的毕业院校。可谁想到，这个偌大的城市，竟然没有一家公司向她投来橄榄枝，她输在了没有实践经验上。在来到北京的第29天，她买了回程的机票。

女孩离开北京的时候万念俱灰，怨声载道，说诸多单位不识人才，不给“新人”机会；说自己的专业在国内比较冷门，在国外如何如何抢手……她带着自己那份傲人的毕业证书回到家乡，至于今后的路要怎么走，她说要好好想一想。其实，她心里很害怕，害怕明天依然无可立足，害怕他人嘲笑自己“海归”变“海待”，可这些话她不敢告诉任何人，只好用抱怨声来遮掩真实的心思。

有位哲人说过："这个世界上有两种东西最多，一是穷人，二是抱怨，且两者之间存在着鸡和蛋的关系。贫穷孕育了抱怨，抱怨又孵化了贫穷。人们越穷越抱怨，越抱怨越穷。"其实，抱怨孕育出的不只是贫穷，还有怯懦，它会让一个人对现状泄气，失去前进的动力，而非想办法去改变现状。抱怨之后往往是更加的不敢面对现实，遇到麻烦就推卸责任，没人理解时就发牢骚，想要但得不到时就开始怨天尤人，遇到挫折就发出"君不识我"的感慨。

机遇从来都不是别人施舍的，而是靠自己去创造、去捕捉的。没有谁真的比谁幸运，很多时候艳羡别人，不过是只看到了别人收获的喜悦，却没看到别人付出时的艰辛，就误以为别人运气好罢了。当你抱怨的时候，在这个世界的某一个角落，有许多比你更有资格抱怨的人，他们默默承受着生活赋予的一切，努力地改变着自己的人生。

莉斯出生在美国的贫民窟，她从小承受着家庭的千疮百孔。父亲长期酗酒吸毒，母亲患有精神分裂症且也沾染了毒瘾。在她15岁时，母亲因艾滋病离开人世，父亲也进了收容所。无奈之下，莉斯只好去乞讨，和一些朋友流浪在城市的角落。贫穷，苦难，似乎无边无际。

莉斯身边的人，命运往往都差不多，即便是和她一样的孩子，也在重复着父母的老路，抱怨着、愤恨着、痛苦着。渐渐长大的莉斯，不愿意随波逐流，尽管周遭的环境像个大染缸，可她依然想要穿透黑暗，改变命运，走出现实的泥潭。

终于，她用真诚打动了一所高中学校的校长，为自己争取到了读书的机会。而后，她一边打工一边上学，用两年的时间完成了高中的课程。在一个丰收的秋季，在写满辉煌的树下，她站在哈佛学府的门前，仰望着眼前的一切。她决心成为这所大学里的一员，她要证明给自己和别人看，只要肯努力、肯付出，人生是可以改变的。

上帝没有辜负莉斯，她的经历、她的真诚、她的论文，打动了每一位评委，她获得了纽约时报的一等奖学金，以及哈佛的通行证。当她安静地伫立在校园中，看着周围的草草木木，她的内心无限感慨。是的，贫穷和苦难没有吓倒她，她也从不曾怨恨过命运和环境，她用执着的信念改变了自己，改写了人生。

与那个回国自谋生路，屡屡碰壁，最后责备现实的女孩相比，莉斯的经历或许更能说明一点：抱怨无用。抱怨只会让自己沦陷在眼前不如意的窘境中，难以自拔。而且，抱怨只是不敢面对现实、不敢承认自己怯懦的借口，真正勇敢的人，无论现实多么糟糕，都有一份直面人生的果敢和坚持。

一位世界百强企业的女CEO说，她儿时与祖母一起生活，经常有邻居来找祖母谈心。每次，一些喜欢抱怨、发牢骚的人到来时，祖母总喜欢把她叫过来，听听他们之间的谈话。待他们走后，祖母便对她说："孩子，你听到这些人说的话了吗？我们周围总会有这样一些爱抱怨的人，不管是白人还是黑人，不管是穷人还是富人。你要记住：如果你对现状不满意，那你就想办法改变它；如果改变不了事情本身，那就改变自己的心态。可是，千万不要抱怨，抱怨解决不了任何问题。”这番话，她牢记于心，以至于在后来的成长过程中，无论是生活还是工作，遇到了多大的挫折，她都不抱怨。正因为如此，她才一路走到了现在。

很多时候，我们抱怨生活不够好，抱怨环境太糟糕，抱怨遇人不淑，却从来没有意识到一个问题：你每天花费多少时间在放大那些负面的东西，又花费多少时间去追寻自己想要的东西？抱怨，看似是宣泄情绪，其实是在无形地扩大烦恼，生活不会因为抱怨而有丝毫改变，你抱怨得越多，反而会让不顺心的事情变得越来越多。

其实，每个人的生活都有烦恼、阴暗的一面，但也绝不缺少美好和阳光，重要的是，你决定把自己的生活轨道铺设在哪一面？就像每天都有白天与黑夜，你若选择夜行，那么感受到的就是黑暗；你若选择向阳，那么生活处处都充满阳光。从细小处感恩并放大生活中的种种美好，内心就会变得不一样；当内心平和了，生活就有了变得美好的基础。

失去了自制，谁都可以将你打败

俗话说：“酒是穿肠的毒药，色是剐骨的钢刀，气是下山的猛虎，怒是惹祸的根苗。”

也许是现代生活的压力太大，也许是过于标榜金钱与物质的价值，不知从何时起，冲动浮躁成了许多人的心理常态。遇到一点小事就情绪失控，丧失理智，一股戾气促使着人做出不可思议的事情。纵然是一个优秀高尚的人，在失控的情绪之下，也会显得很卑微。在这一点上，励志大师拿破仑·希尔深有体会。

在回忆自己事业生涯的初期时，拿破仑·希尔如是说道：“那件事教导我，一个人除非先控制了自己，否则他将无法控制别人。它也使我明白了这句话的真正意义：‘上帝要毁灭一个人，必先使他疯狂。’”

当时，年轻气盛的拿破仑·希尔处处要强，事事争先，经常和人三句话说不好就提高了声调，争辩乃至大吵一架。这天，仅仅因为一点小事，他和办公室大楼的管理员发生了一场误会，彼此谁都不肯让步，甚至演变成激烈的敌对状态。这位管理员当时心里也是怒气十足，当他知道整栋大楼里只有拿破仑·希尔一个人在办公室中工作时，他竟然赌气似的把整栋大楼的电灯全部关掉。一连几次，拿破仑·希尔忍无可忍，他决定“反击”。

某个星期天，拿破仑·希尔像往常一样来到办公室加班。当他正准备熟悉一篇要在第二天晚上发表的演讲稿时，他书桌前的电灯又突然灭了。拿破仑·希尔立刻跳起来直奔大楼地下室，他知道那位管理员一定在那儿。

推开地下室的门，眼前的景象让拿破仑·希尔更加生气：管理员正一边把煤炭一铲一铲地送进锅炉内，一边吹着口哨，仿佛什么事情都没发生似的。拿破仑·希尔终于忍不住了，对着眼前这个管理员破口大骂。一连十分钟，他都以比管理员正在照顾的那个锅炉内的火更热辣的词句痛骂着。最后，拿破仑·希尔实在想不出什么骂人的话，只好放慢了速度。

看他减缓了语速、降低了声调，管理员这才站直身体转过头来，脸上露出开朗的微笑，并以一种充满镇静与自制的柔和声调说道：“呀，你今天早上有点激动，是吗？”

拿破仑·希尔没有想到，站在自己面前的这位既不会写也不会读的“文盲”，竟然会如此镇静地回应他的粗鲁。瞬间，好像有把锐利的短剑一下子刺进了拿破仑·希尔的身体。他知道，在这场“战斗”中，他不仅被打败了，而且更糟糕的是，他是主动而且错误的一方，这一切只会更增加他的羞辱。

拿破仑·希尔悻悻而归，坐回到办公桌前，却怎么也无法集中精力再干其他的事情。他把整件事情反省了一番，立即看出了自己的错误。拿破仑·希尔知道，自己必须向那个人道歉，这样他的内心才能平静。但坦率地讲，此时让他用行动来化解自己的错误，是极其别扭的。

经过了很久的心理斗争，拿破仑·希尔终究是又来到了地下室，走到那位管理员面前。管理员以平静温和的声调问道："你这一次想要干什么？"

拿破仑·希尔告诉他："我是回来为刚才的行为道歉的——如果你愿意接受的话。"管理员脸上又露出那种微笑，说："凭着上帝的爱心，你用不着向我道歉。除了这四堵墙，以及你和我之外，并没有人听见你刚才所说的话。我不会把它说出去的，我知道你也不会说出去的，因此，我们不如就把此事忘了吧。"

这件事无疑成了拿破仑·希尔一生中最重要的转折点之一。自那以后，拿破仑·希尔便下定决心，收敛自己的戾气，杜绝冲动和急躁。他深深地明白了一个道理：一个人一旦失去自制，另一个人——不管是一名目不识丁的管理员，还是有教养的绅士，都可以轻而易举地将他打败。

在浮躁的气息包围下，冲动极端，并非勇敢；坚韧沉着，亦并非懦弱。内心脆弱不堪一击的人，才会轻而易举地被他人的言行激怒；倘若内心足够坚定，任尔惊涛骇浪，依然气定神闲。后者的沉着，不是伪装和懦弱，而是一种看开看淡后的释然和坦荡。

人生几十年的岁月里，要面对和承受的事情太多，要遇见的人形色不一，纵使你再幸运，也不可能事事如己所愿，人人顺己心意。当生活的海平面掀起风波时，别急着用愤怒的目光与之相对，坦然一点，大度一点，当你的心能够容得下所有时，你便能笑看风云了。

既然找不到净土，就试着静心吧

工作的第五个年头，她无比渴望逃离所在的城市，尽管这里曾经承载着她的梦想和希望。

从不谙世事的小女孩，走到现在的公司中层，一路上的跌跌撞撞，起起伏伏，耗尽了她大半的心思。事务性的忙碌和辛苦在稍稍地停歇后便能缓解，可人与人之间钩心斗角，却让她应接不暇，筋疲力尽。俨然，她在演绎着现实版的《杜拉拉升职记》，只不过升职加薪带来的喜悦感和成就感越来越少，越来越淡，与日俱增的是内心的反感与厌倦。

她尽可能地希望自己保留最初的纯粹，可一次次掏心挖肺地付出后，换来的总是被伤害。当初，为了一个助理的职位，她最信赖的同事，竟然在背后诋毁自己。未能如愿以偿地得到自己想要的职位，心里虽有些失落，但最痛的是感慨人心变化之快，怎么人与人之间的交情，在利益面前，竟然变得一文不值？那是她第一次开始质疑人生，质疑人性。

渐渐地，她学会了保护自己，虽不屑变得和那些曾经伤害自己的人一样，但也不愿一次次地为他人做嫁衣，把所有的机会拱手让人，让所有的努力都白费。自保，势必就要有所收敛，不能想说什么就说什么，想做什么就做什么，至少要顾及他人的感受，也要知道，每句话说出来会带来什么影响。时间长了，她变得圆滑了，很会做人做事，深得领导赏识，事业上也开始平步青云了。

一个没有任何背景的女孩，只身在大城市里打拼，从最底层的职务做起，像蜗牛一样一点点地往上爬，过程中有笑、有泪、有心酸、有无助，靠着一个“扛”字，挨过了痛苦的蘑菇期，经历了辛苦的成长期，终究成了一个不一样的自己，一个让许多人刮目相看的自己。

多少人羡慕她的现状，她也曾憧憬过这样的现状，可事到如今，想要的都得到了，她却厌倦了。在微信的朋友圈里，她看到昔日好友辞掉高薪的工作，回到老家那个有山有水的地方，过起了田园生活，她的眼里竟涌出了泪水。

是啊，她的家在南方的一个小镇，那里不太繁华，却也很热闹。只是，那份热闹不同于大都市的喧哗，而是多了几分生活的气息。她开始怀念小镇的慢节奏生活、怀念那里的风土人情、怀念那份悠然自得的轻松，有那么一瞬间，她也萌生了想要回乡的念头。

终于，在年会结束后，她向上司提交了辞呈。两个人共事多年，于公于私关系都不错，面对面而坐交谈时，她也毫不隐瞒地把心事讲了出来。上司表示理解，同在这座城市里打拼，忙忙碌碌地追逐，难免都会有疲倦的时候，很多时候不只是她，就连自己也想逃离，可又不甘心放弃眼前的一切。

离开职场，她开始收拾行李。几年下来，不大的房间里零零碎碎地塞满了自己的衣物，真要离开时，她也只能忍痛割爱，将一些不必要且不便携带的东西"处理"掉。几天之后，她踏上了回家的列车。

家乡的小镇比起日新月异的都市来变化不太大，但熟悉的乡土气息，还是让她感受到了一份久违的踏实。她在家里安然地休息了一个月，而后开始寻觅工作，想从此在这里待下去。可是，小镇的工作机会实在太少，稍好一点的单位都需要动用关系，周围的同龄人，大都是自己做点小生意，或是到工厂里打工。

她的心，不由得开始慌了。那种感觉，就像是一只在天空飞翔已久的小鸟，顿时被圈禁在了鸟笼中，没有了天空，一双翅膀也失去了意义。难道，这一辈子就要在这里度过了吗？家乡的口音是熟悉的，家乡的人是可爱的，但她想表达的东西、想沟通的事情，总是找不到合适的人，解了思乡情，却又生出了一份难以被人理解的寂寞与孤独。

某天夜里，她辗转反侧难以安眠，打开手机微信，看到订阅消息里有这么一段话："你若爱，生活哪里都可爱；你若恨，生活哪里都可恨；你若感恩，处处可感恩；你若成长，事事可成长。不是世界选择了你，而是你选择了这个世界。既然无处可躲，不如傻乐；既然无处可逃，不如喜悦；既然没有净土，不如静心；既然没有如愿，不如释然。”

她盯着这段话，反复在心里默念，感慨万千：不是世界选择了自己，而是自己选择了这个世界，逃离喧嚣的大城市，回到家乡的小镇，心依然忽上忽下，无处安放。这场“逃离”终究没能带给自己一份踏实和安然，说到底，不是身处大城小镇的问题，而是心的问题。若心不静，走到哪儿都一样。

不久之后，她如同五年前一样，带着行李离开小镇，重新奔向那座遥远的城市。这一次，梦想依然在心中，可却不再是那么沉重。她明白，少了一颗不动心，很容易迷失方向，随波逐流，抵挡不住欲念的牵绊，被诸境所染，被他人所影响。若能掌控自己的心，不随境转，就不会浮躁失控。在这个浮躁的时代里，唯有把心放轻松，才可能过得轻松；唯有心无旁骛，才可能从容地踏上人生旅途。

永远不要做自己无能为力的事

在生活中，常常能看到这样的现象：没有明确的目标，没有清晰的方向，就稀里糊涂地跟着别人开始跑，比如投资或者就业。跑了一阵子以后回头一看，方向搞错了，距离目标越来越远。这时的跑还不如不跑，南辕北辙，速度再快又有什么用？

古人早有教导：人生在世，有所为而有所不为。应该做的事必须去做，这是“有为”；不应该做的事绝不能做，就是“有所不为”。我们在谋划应该做的事情时，也应该对不能做的事有一种判断和执着，不必为了缓解而立之年的危机感，而去刻意而为，强求去做。

俞敏洪的那段名言不也说：“不要太相信三十而立之类的话，不要太给自己压力，生活是慢慢成功的，毛泽东三十多岁还在北大图书馆当馆员，我三十岁还是穷光蛋一个。保持努力心态，坚持目标不放弃，早晚都会成功。”

这个世界充满着矛盾，大大小小的事情很多时候都会有正反两面。就像有为与无为，选择其一，势必会放弃另外一个。当行则行，当止则止，每个人都应及时了解并承认自己的能力和局限；只有把鱼与熊掌放在宏观的生命中考量，才能让我们留下个人独有的光彩之处。

要想做出满意的成绩或者取得人生的成功，首先要知道自己能干什么。了解自己的优点和长处，然后才能决定“作为”和“不作为”。不要做那些自己无能为力的事情，把握好自己的长处，专心致志于能做的事，有所不为方能成就有所为。

中国著名文学家林语堂先生的书斋名叫“有不为斋”。林先生对语言的精准把握让他很好地截取了“君子有所为，有所不为”这句话作为自己的书斋名，以提醒自己人生的眼界要放长远，要学会取舍。而林语堂的一生，的确也是有所为而有所不为的。

林语堂曾说：“写作的时候，也是我最快活的时候。”为了“最喜欢做的事”，他一生“有所为”于写作，对中国当代文坛起到了不可估量的作用。

为此，林语堂断然“不为”于做官。他不止一次地表明自己的想法：有的文人可以做官，有的文人不可以做。自己对官场上的生活是无论如何也吃不消的，一怕无休止地开会、应酬、批阅公文，二不能忍受政治圈里政客们的那副尊容。

有一次，蒋介石要给他一个“考试院”副院长的职位，两人谈了好久。出来时，林语堂笑眯眯，一脸释然的放松。

友人说："恭喜你了，在哪个部门高就？"

他笑眯眯地回答："我辞掉了，我还是个自由人。"

对此，林语堂曾经说过："追求权势使人沦为禽兽。权势欲是人类最卑下的欲求，因为这种欲望伤人最深。"

林先生为什么不把书斋取名"有为斋"，而刻意截取"有不为斋"呢？或许在他的心目中，"有所不为"比"有所为"更重要，从某种程度上来说也更难做到。

有所不为是一种豪气和洒脱，是为了更深层面的进取，是一种真正意义上的长远。之所以举步维艰，是背负太重，之所以背负太重，是还未学会"有不为"。

不必为了躲避"战栗"的恐慌而草草从事、匆匆忙碌。作为与不作为并非一时之策，相对于长远的一生而言，要将自己最独特、最有意义的一面展示出来。

世界歌坛的超级巨星帕瓦罗蒂回忆自己的成功之路时说："那时我从师范学院毕业，不知该去当教师还是做个歌唱家。父亲的话我永远记得：'如果你想坐在两把椅子上，你可能会从两把椅子中间掉下去，生活要求你必须有选择地坐到一把椅子上去。'"

经过了7年的失败与努力，帕瓦罗蒂才首次登台演出；又过了7年，他终于登上了大都会歌剧院的金色殿堂。就像贝多芬与音乐、柏拉图与哲学、毕加索与绘画、司马迁与史学、陈景润与数学、袁隆平与水稻……他们所选定的唯一一把人生座椅，留下了不同的人生轨迹。

对那些有悖于自己生活情趣和人生追求的事情，就要果断撇开，不让那些“不为”的繁乱干扰我们本来澄净的心。懂得“有所不为”后致力于“有所为”，才能在人生路上走得更长远，看得更全面。

曾经有一位登山运动员，他参加了攀登珠穆朗玛峰的活动。当他爬到海拔6400米的高度时，身体出现了严重的不适，他不得不停了下来，返回了基地。许多朋友都替他惋惜，很多人说：“如果能咬紧牙关挺住，再坚持一下，也就上去了。”

可是这位运动员却不以为然，他平静地说：“不，我自己最清楚，6400米的海拔高度是我登山生涯的最高点，我一点都不遗憾。”

每个人在做事的时候都会有自己的极限，也会有自己最大的承受能力，自然也就会有所能达到的最高高度。像那位登山运动员，6400米就是他的极限，就是他的最大承受能力，就是他的最高高度。而真正对人生有“大局意识”的人明白，没有谁是可以无所不能的，他们懂得保存自己的实力，不参与无谓的纷争，只做能做之事，该出手时才出手。

内心强大的人，不会刻意炫耀自己

富兰克林年轻时一度骄傲气盛，不可一世。一次，他去拜访一位前辈，进门时挺胸抬头迈着大步，摆出一副很不屑的样子。没想到，刚走到门口，头就狠狠地撞在了门框上，痛得他忍不住用手揉搓。

看到他窘迫的样子，那位前辈不禁大笑，从屋里走了出来，说："很痛吧？年轻人，这是你今天来拜访我最大的收获。一个人要想平安无事地活在世上，就必须时时刻刻记住'低头'，这是我要教你的事情。"

这次意外的"撞头事件"，着实给富兰克林上了一堂人生课，而前辈的教诲，也被他列入一生的生活准则之中。此后，他丢掉了那份狂妄自大，不管在谁面前，他都表现出一副谦卑有礼的姿态，而这种态度，最终成就了他。

在被浮躁笼罩的尘世间，太多人喜欢用张扬的姿态显示自己的与众不同。他们心高气盛、恃才傲物，总以为自己是鸿鹄，他人都是燕雀，对周围的一切不屑一顾。直到有一天，不小心被“门框”撞了头，才猛然惊醒。

无论你是谁，有着怎样的才华与能力，选择用张扬的方式来炫耀自己，其实就是在透露浅薄。张狂不可一世，到头来不过是一场浮华的热闹，真正有大智慧、大才华的人，面色永远是温和的，腰身是谦恭的，心底是平和的，灵魂是宁静的。

有人曾说：“高声叫嚷的，是内心虚弱的人；招摇显摆的，是骄矜浅薄的人；上蹿下跳的，是奸邪阴险的人。他们急切地想掩饰什么、急迫地想夸耀什么、急躁地想篡取什么，这个世界因他们而咋咋呼呼、而纷纷扰扰、而迷乱动荡、而乌烟瘴气。这些虚荣狂傲的人，浅陋无知的人，像风中止不住的幡，像水里摁不下的葫芦，他们是不容易沉静下来的。”换言之，一个人越是炫耀什么，就证明内心缺少什么，倘若内心足够强大，那完全不必大张旗鼓地彰显自己。

女作家杏林子说过：“昂首阔步、趾高气扬的人比比皆是，然而有资格骄傲却不骄傲的人，才是真正的高贵。”一个温和地对待别人、面对世界的人，永远比摆出骄横姿态、咄咄逼人的人，更有内涵和力量。

一位知名度很高的女画家，曾经带着自己八岁的女儿到某大学讲授绘画技能。当天，慕名而来的听众很多，大礼堂里坐满了人，女画家讲得很精彩，除了她的声音之外，几乎没有任何杂声。

就在这时，一个小女孩突然出现在礼堂的讲台前面，来来回回地跑着，脸上还带着一副傲慢的神情，偶尔故意轻轻地哼唧几声，发出令人厌烦的声音。看她的样子，似乎是在告诉大家“台上的那位画家，是我的妈妈”。

看到女儿的所作所为，女画家停止了讲课。她表情严肃，一本正经地说道：“请负责秩序的老师，把这个轻狂的小女孩带出去，她扰乱了会场的秩序，影响了其他人。”小女孩愣住了，没想到妈妈要把自己“赶”出去，她哭闹不止，希望妈妈能收回刚才的话。女画家不为所动，坚持要维持会场秩序的老师将女儿带出去。

小女孩离开礼堂后，女画家冲着听众们会心一笑，不急不慢地说：“无论是谁，在什么场合，有什么样的身份，都不能太过轻狂和张扬。”声音一落，台下先是一阵沉默，然后响起热烈的掌声，他们都为女画家的低调和素养所动容。

身处心焦气躁的浮世繁华中，纵是才貌双全、完美无瑕、名利均有，也不能处处显示自己的优越，而是要学会藏拙，不矫揉造作、不轻狂傲慢、不惺惺作态、不招摇过市、不夸夸其谈。一时的华美不会永恒不变，暂时的得意也不会始终如一，看淡了人生起起落落的规则，便知没什么值得张扬的事。为人一世疏狂，不如低看浮世繁华。

世界金融财富的中心——华尔街，有一尊著名的雕塑，一只低着头的金牛。很多人都喜欢把这尊埋头的金牛形象挪到自己的办公桌上。其实，它的寓意就是提倡一种低调的姿态。低调，意味着心胸旷远、淡定沉吟、不露锋芒、内敛沉静；低调，不是唯唯诺诺，软弱自卑，更不是奴颜婢膝，而是一种笑看浮云的豁达。

有句话说得好："当你俯视大地时，什么都比你矮，你会自负；当你仰视天空时，什么都比你高，你会自卑。放平自己的心态，将宇宙苍穹尽收眼底，你会找到一个新的世界，新的你。"收起趾高气扬、不可一世的姿态吧！放下自以为高不可攀的学历、引以为荣的家庭背景、自以为是的身份，做一个不卑不亢、平和从容的人，在浮华的尘世间，低调的沉稳远比高调的炫耀更能彰显内心的强大。

用一杯水的单纯，面对一辈子的复杂

几乎所有关于励志电影的推荐里，都少不了《阿甘正传》。阿甘那充满传奇色彩的人生，和出其不意的经历，让人在一笑之余，却又感慨万千。

阿甘，一个智商只有75的男孩。现实中，恐怕谁都会质疑：这样的一个孩子，他可以做什么？好在阿甘的母亲是一个积极乐观的人，她从未嫌弃过儿子，反而时常鼓励他自强不息，要他像正常人一样生活。

上帝没有遗弃阿甘，它赐予阿甘一双疾步如飞的腿，给了他一颗单纯正直、没有一点邪念的心灵。在学校里，阿甘认识了女孩珍妮，在妈妈和珍妮的鼓励下，阿甘开始了他一生都不曾停歇的“奔跑”。

读中学时，为了躲避同学的追打，阿甘跑进了一所学校的橄榄球场，阴差阳错地被人发现他擅长跑步的天赋，然后被破格录取进入大学，成了橄榄球巨星，受到肯尼迪总统的接见。

大学毕业后，一名新兵鼓动阿甘参军，单纯的他想都没想，就应征参加了越战。在一次战斗中，阿甘所在的部队中了埋伏，一声撤退令下，阿甘记起了珍妮的嘱咐：撤退就跑。结果，他的飞毛腿救了他一命。在越战中，他认识了两位好朋友：热衷于捕虾的布巴，还有令人敬畏的邓·泰勒上尉。越战结束后，阿甘成了令人敬仰的英雄，又受到了约翰逊总统的接见。

在一次和平集会上，阿甘与久别的珍妮重逢。可惜，珍妮变了，不再是从前那个可爱而真诚的女孩子了，她过着放荡的生活，堕落不堪。阿甘想得简单，他还像从前那样对待珍妮，但珍妮并不爱他。两个人匆匆地相遇，又匆匆地分手。

身为乒乓外交的使者，阿甘曾到中国参加乒乓球比赛，并为中美建交立了功。他内心有一个信条：说到就要做到。这一信条始终是他的指明灯，让他闯出了一片属于自己的天空。他教“猫王”跳舞，帮约翰·列侬创作歌曲；在风起云涌的民权运动中，他瓦解了一场一触即发的大规模种族冲突；他无意中迫使潜入水门大厦的窃贼落入法网，导致尼克松总统下台。

阿甘傻人有傻福，阴差阳错地发了大财，成了亿万富翁。不过，名利对他而言并不是很重要，他心甘情愿做一名园丁。阿甘经常会想念珍妮，而此时的珍妮已经误入歧途，陷入绝望之中。终于有一天，珍妮回来了，回到了阿甘身边，他们共同生活了一段日子。某天夜里，珍妮投入阿甘的怀抱，之后又在黎明悄然离去。几年后，阿甘再一次见到珍妮，还有一个小男孩，那是他的儿子。这时的珍妮已经身患绝症，阿甘同珍妮、儿子一起回到了家乡，度过了一段美好时光。

珍妮去世了，他们的儿子也到了上学的年龄。一天，阿甘把儿子送上了校车，这时一根羽毛从儿子的书中落下，一阵风吹来，它又开始迎风飘舞……就像故事开篇的情景一样。

从一个智商只有75分的特殊孩子，到进入学校，到橄榄球巨星，到越战英雄，到虾船船长，再到跑遍美国，阿甘以先天缺陷的身躯，达到了许多智力健全的人也许终其一生也难以企及的高度。

从喜剧的角度看，阿甘是幸运的，他总能出其不意地得到某种眷顾。可是笑过之后再深思，阿甘仅仅是幸运吗？他所得到的一切，有哪样是单凭运气得到的？也许，同样的机遇也曾出现在你面前，你抓住了吗？他靠着惊人的毅力，跑了整整三年零两个月，你能吗？当他执着地追求一个目标时，即使周围的人都在嘲笑他，他也毫不动摇，你能像他一样不被旁人左右，义无反顾地走自己的路吗？

有时，我们迷失了路途，不是因为太愚笨，而是因为太聪明。余秋雨曾说："因为我们的历史太长，权谋太深，兵法太多，黑箱太大，内幕太厚，口舌太贪，眼光太杂，预计太险。所以，我们习惯对一切事物'构思过度'。"

半个世纪前，英国著名的教育家罗素曾经给他的学生们出过一道题：1+1=？题目写在黑板上时，济济一堂满腹经纶的高材生们竟然面面相觑，没有一人作答。罗素见状，便轻巧地在等号后面写上了2。学生们恍然大悟：面对如此简单而真实的问题，实在不该犹豫和顾忌。

遇事多思虑，无可厚非，但如果习惯性地把问题复杂化，就会让自己活得很累，平白无故地给心灵添堵。事实上，很多时候，简单往往意味着高效、平和、睿智。

这个世界远没有人们想象得那般复杂，它简单得很，复杂的只是人心罢了。其实，人心也不复杂，只要肯丢掉对生活无限的“构思”。没有繁杂的抉择，就不会有心灵的杂念；没有心灵的杂念，就不会在前行的路上左顾右盼。当你拥有一颗淡定的心，心无旁骛，那么就算遇到顽石也可滴穿。

不要活在遐想的完美世界里

对于生活，每个人心里都有一幅完美的蓝图：有一双慧眼，可以看透人情世故，阅尽世间沧桑；或者，拥有一个魔法球，让任何心愿都能随着一声咒语而变为现实。人生若能真的如此，那的确称得上完美二字。

可是，要练就一双慧眼容易吗？那是需要经验的。如果只是停驻在原地，没有走出自己的世界，又怎么可能得到生活的感悟？就算上天肯赐予你一个魔法球，它就能任由你来控制所有吗？当人的欲望过大时，只怕连神灵也会因为人的欲望鸿沟难以填平，而不得不收回原本的恩赐，让人重新来过，亲自感受生活的百味杂陈。

对于爱情，每个人心里也曾有过一幅憧憬的画面：成为童话里的公主或王子，在对的时间、对的地方和完美的爱人相遇，没有任何的阻挠，举办一场浪漫而难忘的婚礼，而后住在安全的城堡里，享受荣华、享受幸福，一辈子相安无事，如此完美地过一生。

听上去多令人向往和羡慕，尤其是在懵懂年少，情窦初开的时候。可我们生活的时代不是在远古，我们生活的环境也不是某个古老王国的森林，在现实世界里，单纯善良的心境还剩下几分呢？或许，你会遇到一个貌似白雪公主的美人，可你又是不是童话里的王子呢？或许，你也会遇到一个骑着白马对你穷追不舍的王子，可真的在一起生活了，他又能不能为你扛起生活的重负呢？

对于财富，每个人也曾在心里做过一个“春秋大梦”：如果我是比尔·盖茨、李嘉诚、格林斯潘，我的一声咳嗽都可以带动股市震荡起伏，那样的人生该有多辉煌？

富可敌国，自然辉煌，可要成为世界首富，做个富翁，就不需要资本吗？能力、天赋、环境、机遇、付出的时间和精力，经受一个又一个的挫折打击，这不是常人都可以做到的。

金融界评论格林斯潘：他一开口，全球投资人都要竖起耳朵；他打个喷嚏，全球投资人都要伤风；谁当总统都无所谓，只要让格林斯潘当美联储主席就成。谁不想让自己的存在如此有价值，谁不欣赏和羡慕格林斯潘的经济头脑，可世人看到的都是他完美的一面，多少人知道他人生跌宕起伏的经历，多少人知道他熬到近50岁才发家？换来现在的完美成就的那一份耐性和意志，多少人可以拍拍胸脯说“我也可以”？

再说李嘉诚，许多人只看到了人家作为首富的风光，却从来没有用心体会过他说的那番话："你想过普通生活，就会遇到普通的挫折；你想过上最好的生活，就一定会遇上最强的伤害。世界很公平，你想要最好，就一定会给你最痛。能闯过去，你就是赢家，闯不过去，那就乖乖退回去做个普通人吧。所谓成功，并不是看你有多聪明，也不是要你出卖自己，而是看你能否笑着渡过难关。"

理想总是美好的，现实却不总是如此。我们总会希冀心中的完美理想，甚至把自己和生活想象成那般模样，却不知任何人与任何生活都不是完美的。不要再让心灵被骗了！你假想中的完美生活里，一样也会有烦恼，也会有挫折，甚至比你现在经历的苦难还要多；你假想中的那个自己（比如我是另外的什么人，过与现在不一样的生活），未必就真的能够要风得风，要雨得雨，那样的人生也未必就比现在更幸福。

要知道，生活中的幸福总是相似的，不幸的人却各有各的不幸。你看见的有钱人，有权人，或者身处上流社会的绅士、名媛们，他们的生活看上去或者无限完美，但在无限风光的背后，总有一些我们无法触摸的阴影，而这些阴影却未必是我们所能承受的。

生活总是一分耕耘，一分收获。如果只是妄想着天上掉馅饼，死盯着别人的辉煌，不去努力提高现在的自己，那么生活永远是眼前的样子，距离你所期望的那种完美之境越来越远。尽管在一样的环境里，一样的付出和努力，不一定会得到同样的结果，但我们都该相信：生活是公平的，它会给予每个人回报，这种回报不一定是显性的，也不一定是今天做了明天回报就来了，而是在今后的日子里，慢慢通过其他的方式回报给你，让生活和你自己日趋完美。

人生最好的境界是丰富的安静

哲学课上，教授问一学生："说说你的人生追求吧！"学生落落大方地谈了自己的想法，提及健康、财富、名利、价值等，说得头头是道，不少同学也都默许点头。教授听后，笑着说道："你忘了一件最重要的东西，心灵的宁静。如果没有它，你所有的追求都会给你带来意想不到的痛苦。"

人生在世，时时处处都存在着诱惑；万世繁华的背后，悬着一颗颗散乱而空虚的心。遭遇得失荣辱的人生落差，有几人可以岿然不动、淡然一笑？在名利声色面前，又有几人可以不为所动、灵魂不受丝毫纷扰？人固然有所追求，也会被世俗杂念困扰，牵绊手脚，就像释迦牟尼说的那样："人的思想一动，一弹指之间就有960次转动，只是一天一夜的时间，我们的思想转了13亿次。没有一颗清净的心，我们就会浪费很多精神，其实也是在浪费生命。"

某女子监狱一位正在服刑的女子，用笔写下了她的经历，希望以此给人以警醒。

她出生在一座小城镇里，家里的条件不太好，从她记事时起，就知道周围的人都看不起他们一家人，即便是亲戚，也嫌弃他们。世人的冷眼，无疑给她幼小的心灵留下了阴影，母亲总在她耳边念叨："你要好好念书，将来有出息，赚了钱，他们就不会小看你了。"这样的话听得多了，她也就把金钱当成了自我价值的标尺；赚足够多的钱，让别人看得起，也就顺理成章地被设立为人生的终极目标。

她的成绩很好，高考时顺利地考入了大学，学了会计专业。毕业后，她留在了大城市打拼，没有任何背景和依靠的她，一切都要从零开始。最初的那段日子，真的很难挨，吃最便宜的饭菜，拿着有数的一点工资，在公司看别人的脸色，偶尔还要被主管训斥……可一想到自己和家人被人轻视的情景，她就忍了。她安慰自己说：不会一直这样的，总有一天，我会出人头地。

在职场摸爬滚打十年后，她已不再是那个青涩而不谙世事的女孩。她进入一家中等规模的公司做财务，她处事圆滑，工作能力也很突出，很快得到老板的赏识，后被晋升为财务经理。老板对她照顾有加，不仅连连涨工资，而且还给她提供了精装一居室的"宿舍"。她当然知道，老板这么做是有意图的——让她帮忙做假账，隐瞒部分货物的销售收入。

起初，她还在犹豫，可一想到春节回家时，周围人看自己和家人的眼光都不一样了，那份隐匿已久的虚荣，又让她蠢蠢欲动了。最终，她被老板“收买”，给公司做假账。

做假账期间，她所赚到的外快是工资的几倍之多，利用这些钱，她买房买车，买奢侈品，惹得不少人艳羡。她觉得，美妙的人生才刚刚开始，正准备好好享受，却没料到一切已经结束。要小聪明，走捷径，踩着法律和道德的底线走，最终落水湿身，悔恨一生。

酿成这样的悲剧，有其父母教育引导的问题，但更重要的是，她在金钱物欲跟前迷失了自己，扭曲了价值观，失掉了内心的宁静。倘若不慕繁华、不贪安逸，又怎会一步步走进不可回头的深渊？

周国平曾经写过一篇文章，名字就叫《世界愈喧闹，我内心愈安静》。他说：“也许，每一个人在生命中的某个阶段是需要某种热闹的。那时候，饱胀的生命力需要向外奔突，去为自己寻找一条河道，确定一个流向。但是，一个人不能永远停留在这个阶段……现在我觉得，人生最好的境界是丰富的安静。泰戈尔曾说：‘外在世界的运动无穷无尽，证明了其中没有我们可以达到的目标，目标只能在别处，即在精神内在世界里。在那里，我们最为深切地渴望乃在成就之上的安宁。在那里，我们遇见我们的上帝。’”

人生是一场修行，修的就是一颗心。不管外面的世界多么喧嚣，多么浮躁，都要坚守自己心灵的安静。没有一颗安静的心，生活处处都是慌张的死角；习惯了处处与人比，时时想做佼佼者，痛苦折磨的始终是自己。争强好胜，追逐名利，不是真正有价值的生活；跑在众人之前，也未必就是最大的赢家。人生最好的境界，是丰富的安静和内心的从容。唯有控制住了自己的心，生命才有了最为强大的气场。

第2章

别怕输不起，一切都还来得及

每个人都在时间的洪流中奔涌而前，不管愿意与否，都无法将它追回，让青春重新来过。正因为岁月残酷，我们才会畏惧时间，担心它从指尖滑落，担心虚掷光阴，到头来一无所有。于是，我们变得很急，没了耐心，对爱情、对生活、对事业统统如是，总以为追赶着就能先人一步，拥有得更多，却不知，人生最曼妙的风景全都在路上。放平心态，充实地度过每一天，在努力中安然地等待，结果绝不会太坏。

享受现在，每段岁月都是最好的

朱自清先生在《匆匆》里如是写道："洗手的时候，日子从水盆里过去；吃饭的时候，日子从饭碗里过去；默默时，便从凝然的双眼前过去。我觉察它去的匆匆，伸出手遮挽时，它又从遮挽着的手边过去。天黑时，我躺在床上，它便伶伶俐俐地从我身上跨过，从我脚边飞去了。等我睁开眼和太阳再见，这算又溜走了一日。我掩着面叹息，但是新来的日子影儿又开始在叹息里闪过了……"

儿时，只觉得时间如此漫长，有大把大把的时间可以浪费。一晃儿，青春就只剩下一截短短的尾巴，蓦然发现，肌肉正在被微微凸起的肚腩代替，光洁无瑕的肌肤上正涌出无数细小的纹路。青春的逝去，令人战栗不止，时光依然无情地在身后紧紧追赶。于是，我们不禁开始恐慌，开始感叹：岁月为何如此匆匆，为何一去不复返？

怀念青春年少，渴望抓住时间的尾巴，或许是每一个正走在成长成熟之路上的人共有的心愿。然而，时间是公平的，任何人都无法逃脱它的安排，重要的是，你以什么样的心态和姿态去看待这一切。一年有四季，春花、夏雨、秋收、冬藏，每个季节都有它特有的美丽，全都经历一遍，生命才算完整。人有生老病死，既然无法摆脱这一轨迹，不如就坦然接受，将每一阶段都活出精彩。

有这样一则寓言故事：一位美丽的王妃，深得国王的宠爱。在国王的庇护下，她一直过着无忧无虑的生活。直到一天清晨，王妃在照镜子时，发现自己眼角生出一条细微的皱纹，她惊恐地大叫起来，怕自己不再是这世上最漂亮的女人，怕国王因此不再宠爱她，怕自己会慢慢衰老直至死亡。她打碎了镜子，并把自己的脸庞遮起来，发誓再也不见任何人。

不知其中缘由的国王为了哄她开心，送给她无数奇珍异宝，带她去看最好玩的马戏表演，但这些仍然不能换回她一丝笑容。国王再三追问，王妃将自己的恐慌说了出来：

"曾经我看到那些步入中年老年之人，都会觉得他们很可怜。身体已经老去，没有年轻时的美丽，也没有年轻时的健康。而他们身边就生活着那些年轻，有活力的新一代……他们该觉得多么悲哀啊。我也知道，自己总有一天也会老。但是没想到，这一天来得这样快……一条皱纹侵袭了我，过不了多久，我就会成为一个中年女人，甚至成为一个无法跳舞的老妇人。"

无论国王怎么劝解和安慰都无法让王妃释怀，看着一天天消瘦下去的王妃，国王便请名医、用神药，希望能寻得长生不老之术，以博得王妃一笑。然而，一个多月过去了，没有人敢前来献药。正当国王为此发愁时，来了一位异邦高人，自诩身怀长生不老之术。于是，国王欣喜若狂地接待了他，并把他带到王妃面前。

王妃见了这位高人十分开心，迫不及待地问道："您的药呢？果真能让我常葆青春吗？"

只见高人微微一笑，说："先不要着急，我必须要了解一下您的想法。"

高人问道："您为什么怕自己老去呢？"

"老了以后不再拥有美貌，也不再健康，身体也将不再灵活了！"

"这些能为您带来什么呢？"

"美丽的外貌让世人倾慕我，健康让我不受病痛的困扰，灵活让我能够自由地运动。"

高人点点头，走到窗边，指着一株石榴树说道："您看这棵石榴树。它的花朵如同火焰一样红，难道不美吗？您再看那些已经凋谢的花朵，从它们体内长出了美味的石榴。您难道能说，为了要留住花的美貌，而不让果实生长吗？花朵的美貌，终究是肤浅的，而经由它孕育出的果实，却可以实实在在地造福我们。我们可以说，花朵是美的——因为它让人目不暇接；果实也是美的——因为它代表着收获。一样都是美，只是美得不同罢了。"

见王妃无动于衷，高人继续说："生老病死，就如同花开花落，是无法阻止的。鄙人并没有能够让人保持青春的神药，但我知道，有办法能够让王妃在任何年龄都活得开心，能够让您一直得到人们的倾慕。您的美貌虽然凋零了，但您的品德让大家仍然爱您；您的健康失去了，所有人都会为您祈福，与您感同身受；您的灵活失去了，您的孩子会替代您的手脚，为您做一切事情。您再看——"高人指向远处，只见那里，一群贵族正在花园里游览。他们中，有耄耋老人，有不惑之年的中年人，有活泼的青年，还有天真的孩童。

"老人坐在树下，看自己的儿孙玩乐，这血脉的延续，就好像他们自己的青春在不断重现；中年人在一起交谈，他们讨论怎样将生活安排得更加精致，更加舒适；年轻人相互追逐打闹，享受青春与爱情；孩子们则不知忧虑地游戏着。不同的年龄，都会有自己的乐趣。只有将这些乐趣都体验过，才算拥有完满的人生啊！王妃，您难道不打算体验完满的人生吗？"

听完高人的一席话，王妃陷入了沉思。片刻之后，她的脸上露出如释重负的笑容。

年龄不过是成长的一个特定符号，其实看穿了世事，又有什么好慌张的呢？一位老人曾说过："不同的人在不同的年龄段会有不同的认识。他们总是在羡慕某个年龄段，羡慕某个年龄段的生活。其实，你现在的年龄就是最好的，要学会享受现在。千万不要光顾着羡慕别人、羡慕未来、羡慕过去，而忽略了享受现在。因此，我认为任何一个年龄都是最好的。"

生命就是这样，在你羡慕和叹息着美好的事物时，却忽略了自己身上悄然而至的美丽。做人，要懂得享受现在，请记得：每个年龄都是最好的！

婚姻是一辈子的事，不为年龄凑合

十几岁读高中时，恋爱是一个不可触碰的禁地；到了大学时，有了充分的自由，也许遇到了合适的人，却在毕业之际，抵挡不住现实的压力，分道扬镳；也许跌跌撞撞四年下来，还是孤孤单单一个人；就这样，一晃到了二十几岁，走进了社会，开始了工作。

环境变了，周围的人不再那么单纯了，想再遇见一个合适人，似乎更难了。更尴尬的是，父母开始在身后催促着赶紧找对象，巴不得一下子就能找到各方面条件优越的结婚伴侣。你心烦，你着急，可对的人就是不出现，看着周围有人结婚生子，心里也不免有点失落，有点焦虑……这还不是最糟糕的，最糟糕的是，因为“恨娶”“恨嫁”，最后选择了“闪婚”。三五个月内把婚结了，可婚后生活却过得并不幸福，日子过得一塌糊涂，于是又开始怀念单身。

“闪婚”一族对此自有一番见解，他们常这样标榜：“如今是个快节奏的社会，2秒钟可以爱上一个人，2分钟可以谈一场恋爱，2小时可以确定终身伴侣。”真的是如此吗？我们都知道，婚姻的基础是彼此了解，在如此短的时间里真的能做到互相了解吗？闪电般的相识、闪电般的爱情火花、闪电般的结婚，这一场“闪婚”游戏，能经营出婚姻的美好吗？事实证明，婚姻不是浪漫的童话，更不是勇敢者的游戏，失败的例子比比皆是。

某位名模与一位商业圈的“钻石王老五”在希腊举行了盛大的“完美婚礼”。婚礼引起了轩然大波，但很多人不看好这段感情，称“他们两个月准离婚”。为什么这段婚姻会遭到人们的种种质疑呢？据透露，这对新人总共见了四次面，两个月后便订婚，原因就是男女双方自认年龄都不小了，能遇到一个在身份、地位和财力上都相互匹配的人已经是一种侥幸。于是，婚约就这样形成了，结果这段闪电式的婚姻，最终又以闪电式离婚而告终，仅仅是一年后，两个人便各奔东西。

好莱坞女星蕾妮·齐薇格和前夫——乡村歌手肯尼·切斯尼，在维尔京群岛的海滩上举行低调的婚礼，他们也是一场“闪婚”。对于人们表现出的惊讶，两个人当时都表示，他们是一见钟情，所以这么快结婚并不奇怪。两个人在没有充分了解对方的时候就仓促结婚，结果这段婚姻仅维持了四个月就草草收场。切斯尼说：“我现在才明白，为什么那些经典的老情歌都有这样的词：‘我们结婚时内心火辣无比，比胡椒粉的味道还浓郁，感觉就像是发烧了一样大脑发烫。’现在回想起来，那时我的确也是这样的感觉，而婚姻其实是应该非常慎重的。”

婚姻不是儿戏，著名的启蒙思想家卢梭曾说："我不仅把婚姻描写为一切结合中最甜蜜的结合，而且还描写为一切契约之中最神圣不可侵犯的契约。"为年龄、为家族利益等一切次要因素而"闪婚"的人，往往缺乏这种慎重的契约精神，结果轻易地结婚，等到发现不合适的时候，又轻易地离婚。

记得有人这样说过，人生就是寻爱的过程。每个人的人生都要找到四个人：第一个是自己，第二个是你最爱的人，第三个是最爱你的人，第四个是共度一生的人。首先会遇到你最爱的人，然后体会到爱的感觉；因为了解被爱的感觉，所以才能发现最爱你的人；当你经历过爱人与被爱，学会了爱，才会知道什么是你需要的，也才会找到最适合你，能够相处一辈子的人。这个过程是细腻而漫长的，是需要时间去考验的。

婚姻是一辈子的事，在做决定之前，扪心自问一下：要陪你走入神圣殿堂的人，你了解他/她吗？他/她真的适合你吗？你在意的是性情上的相匹配，还是外表或物质？你了解他/她的家庭吗？对方是否接纳你成为家族的一员？你知道婚姻不只是有爱情，还有责任与义务，并确定自己可以担负得起吗？

在夜深人静时，请你这样问问自己，找出内心的答案。别为了年龄而凑合，为了结婚而结婚，草率地娶或是嫁，受伤害的不仅仅是自己，还有对方，以及无辜的家人。记住：年龄不可怕，可怕的是不知道自己要什么，稀里糊涂地凑合了一辈子，痛苦了一辈子。

爱情不是快餐，多点耐心去等待

“现在的爱情，像IT一样走得飞快。喜欢上一个女孩子，如果吃过三次饭还拉不上手，再耐心也知道要转战场，别做无谓的浪费。两个人谈了一年多恋爱还没分手，别人就会催他们：该结婚了。爱情就是那份快餐，不好吃赶紧扔下，好吃就马上吃完干下一件事去。人生真的苦短到这个地步了吗？

“这样的爱情坚固？无所谓，只要自己够坚强，爱情来了，抓紧享受，爱情走了，贴张膏药拍拍尘土开始下一场战斗。打不动了，没关系，抓个和自己一样精疲力竭的人结婚，婚后不合，修修补补嘛，实在弥补不了，离婚呗，需要重来的人多着呢。还好，才看到一条新闻：上海的法庭十分钟就能让一对夫妇离婚，此举大受群众赞赏。是啊，痛苦的过程又被缩短了，即使离上五次，也只是一集连续剧的时间！”

这段话，来自某文学网站情感频道里的一篇日志。看后，令人唏嘘不已。在全民加速的时代，许多物质的生长周期都被人为地缩短了，就连爱情这么美好而自然的事，也逐渐成了“快餐”。你追我赶，着急忙慌，怕自己被剩下，怕错过合适的人，怕爱了又分开，拼尽全力地想要得到。可是，得到之后呢？才发现彼此不那么了解，不那么合适；或者，耐不住柴米油盐的平淡生活，最终又分道扬镳。

非要那么急吗？人生最好的风景，不都在路上吗？沉下心，等待一份对的、真的感情，与之厮守一辈子，共同感受人生几十年的春花秋月，何尝不是一件幸事呢？别说这世间没有纯粹的爱情，也别说错过了最好的年纪就没有了最好的人，你若等不及，自然就等不到；你若安心等，他/她终会款款而来。

1991年初夏的一天，铁凝去看望冰心。那一年，铁凝34岁，冰心90岁。见面时，冰心问铁凝：“有男朋友了吗？”铁凝笑着答：“还没找呢！”冰心说：“你不要找，你要等。”这句充满禅机的话，被铁凝深深记在了心里。她选择了等，这一等，就是16年。

2007年4月26日，一则消息轰动了整个文坛：铁凝与经济学家华生结为秦晋之好。那一年，铁凝50岁。提及丈夫华生，铁凝的评价只有一句话：“他是我一生可以相依为命的人。我喜欢相依为命这个词。爱情是无法言说的，所谓爱情就是当它到来的时候，其他的一切都将落花流水。”

在这样一个时代，几十年的婚姻空白期，对任何一个女人来说，都是不易的。但铁凝始终记着冰心老人的话，她说：“一个人在等，一个人也没有找，这就是我跟华生这些年的状态。我说对爱情要有耐心，当然期望值不必过高，但不要让希望消失，我想是这样。永远不要放弃自己的期待。”

一直以来，铁凝都期望能够等到这样一个男人：带给她生命的喜悦和内心的充盈。真好，时间没有辜负她，让她遇见了华生。当真正的爱情降临时，一切都显得是那么顺其自然，两个人在慢慢接触中感觉到，彼此就是要寻找和等待的爱人。

在苏州的山塘老街，铁凝与华生一起听评弹，听《杜十娘》和《太湖美》，但最打动他们的，还是根据陆游和唐婉之词改编的古曲《钗头凤》。两个心怀柔情的中年人，在千百年的爱情绝唱中，沉默不言，相视一笑。他们，庆幸自己等到了灵魂之伴侣，这是何等的幸福？

铁凝的爱情之花，从始至终一直美艳如初。她说：“爱是一种能力，不是每个人都具备这种能力，婚姻应该会更丰富滋养人的内心，而不是使它更苍白或更软弱。”她没有刻意去寻找，只是淡定地守候着，让自己的内心在岁月的洗礼中慢慢成熟，从而更深刻地理解爱的内涵与婚姻的真谛。

真正的爱情和长久的幸福，不是为了结婚而结婚的关系，也不是委曲求全的勉强结合，而是顺其自然，水到渠成。如果那个人没有出现，不要心急，或许他/她就在下一个拐角处等你。如果遇到了错的人，也不要丧气，相信上天的本意是为了让你在遇到对的人时，更懂得珍惜。

有一首小诗这样写道：炊烟起了，我在门口等你；夕阳下了，我在山边等你；叶子黄了，我在树下等你；月儿弯了，我在十五等你；细雨来了，我在伞下等你；流水冻了，我在河畔等你；生命累了，我在天堂等你；我们老了，我在来生等你。

这个世界上所有美好的事物，都是需要沉下心来慢慢等待的，别把等待当成一种折磨，也别用时间来衡量等待的价值。单身并不意味着被剩下，单身也可以是为了等待真爱。要相信，世间终有一个人是遇见了就再不能割舍的，在遇见他/她之前所经历的一切都是为了等待，而遇见之后所要经历的一切都是为了相守。有一天，当他/她走进了你的生命，你就会明白，所有的等待都是值得的，那个过程也是幸福的。

只要你愿意，生活可以随时开始

有人写过一段耐人寻味的话："假如人能活100年，其中睡眠占用30年，吃饭占用10年，穿衣梳洗打扮占7年，走路旅游堵车占7年，打电话1年半，打电话没人接1年10个月，看电视4年，上网12年，找东西1年8个月，购物1年半，年轻时打架斗殴、成家后夫妻吵架、有小孩后骂骂孩子又去掉5年，闲谈70天，擤鼻涕10天，剪指甲15天，意淫8天，最后剩余时间为10年。10年，你能干什么呢？"

看到最后，不免令人感到一阵恐慌和焦虑：时间如此匆匆，原本100年那么长的时间，到最后竟然只剩下短短的10年空白时间可支配。10年，能做什么呢？也许，还没来得及想清楚自己想要什么，生命就已剥夺追求梦想的权利了；也许，还没来得及确定自己的爱情，对方就已经离自己而去，与他人相依相偎了；也许，还没来得及陪伴孩子完完全全地成长，他就已经远走他乡，开始自己的人生了……当岁月成了蹉跎，再回首，已错过了最好的年华，人生也无法重来，徒留遗憾与悔恨。

如此结局，固然遗憾重重，也正因为如此，世人才会常常劝解我们要懂得珍惜。可话说回来，谁的人生没有遗憾呢？倘若在过往的岁月里，浪费了不少大好时光，错过了心爱的人，又该如何面对呢？

一个踌躇满志的小伙子，想要到外面的世界去闯荡一番。就在临别之际，镇上的一位漂亮姑娘鼓起勇气向他表白，而这位姑娘，也是他倾慕已久的对象。姑娘是家里唯一的女儿，她的父母不可能同意女儿随他远行，更何况，他只是胸有梦想，能否成真，能否给妻儿一份稳定的生活，还是未知数。除非，他答应入赘到姑娘家，久居小镇。深思熟虑之后，小伙子决定放弃这段爱情，心里虽万般不舍，可还是忍痛割爱了。

姑娘送他去了车站，从此一别，就是十年。小伙子在外面饱经风霜，累了倦了，突然觉得，拥有再多外在的物质，都不如和心爱的人在一起。于是，他又返回了小镇。尽管当年姑娘信誓旦旦地对他说，愿意等他回来，可时间是个可怕的东西。他期待姑娘还在等他，却也知道这种想法太自私，不现实。果然，此时的姑娘早已经嫁为人妻，成了两个孩子的母亲。

一时间，他觉得人生没什么意义了。此后两年里，他破罐子破摔，每天喝得烂醉如泥，到处惹是生非。原本一个有抱负的年轻人，竟然成了人见人厌的无赖。

某日，他与姑娘再次相逢，姑娘大声地呵斥他说：“作践自己算什么本事？”

他哀怨地反驳道：“我现在一无所有，我不知道人生还有什么意义。”

姑娘看着他，缓缓地说道：“当年你走了，我也觉得人生没有意义了，不知道该怎么继续下去。可谁知道，两年之后我遇见了他，重新燃起了对生活的希望。我想，我们都一样，自认为眼前的现状就是最终的结局，其实，路还长着呢！生活，随时都可以重新开始。”

听完姑娘那番话，他鼓起勇气，再次离开了小镇，远走他乡。几年后，他荣归故里。有人问及他的经历，他说：“很多时候，我们之所以觉得来不及，就是因为明明知道自己错了，却还要继续错下去，或是深陷痛苦之中无法自拔；明明知道这条路不适合自己，却没有勇气重新来过。”

日本作家中岛薰曾说过：“认为自己做不到，只是一种错觉。我们开始做某事前，往往考虑能否做到，接着就开始怀疑自己，这是十分错误的想法。”

一位在北京奋斗了三年的女孩，决定辞去工作，回到家乡和家人、男朋友在一起生活。临行前，朋友问她，对新的生活害怕吗？她说，很怕，怕得要死，怕突然丢下一切却无法从头开始。朋友说，在北京三年，觉得有收获吗？她说，一来还清了家里的债务，二来谈了一场恋爱，三来考上了会计师证，也算是收获吧。朋友问她，当年来北京时，你一样带着恐惧和焦虑，可现在，一切不都过去了吗？有了这个经历，你应该明白，未知的生活不可怕，只要用心生活，哪儿都可以有自己的一片天。

生命的起点虽然只有一次，但生活却可以随时重新开始。无论到何时何地，无论你是奋勇直前还是急流勇退，只要有决心和勇气，不要害怕时间不够，不要怕走弯路，当你勇敢迈出这一步的时候，就会发现所有的担心和恐慌都是多余的，因为一切都还来得及。

走得慢不要紧，只要你不曾退缩

对他这样一个初出茅庐的年轻小伙子来说，没有任何实践经验，却要与众多对手竞争同一个职位，压力确实有点大。但他不愿放弃，即便胜算的概率再小，也要勇敢一搏，哪怕是被淘汰，也好过从来没有尝试过。

他早听说，面试的主考官是市场部总监，在公司里有着举足轻重的地位。毕竟，不管哪一行，有市场才有收益，市场部永远都是公司里最受重视的部门。他还知道，跟主管市场的人打交道，言行举止更要谨慎，也许只是一个细枝末节，就可能被他看穿你的心思和想法。

面试的前两天，他做足了准备，列举了可能会被问到的N个问题，也在脑海里无数次地想象着那位市场总监的样子，猜测着他的职场经历——如何一步一步走到这个位子。同时，他也想过，自己是否有一天，也能在事业上打拼出自己的一片天？当然，想这些还有点为时尚早，摆在眼前的最重要的事，就是如何顺利通过面试。

面试那天，市场总监给他的第一印象很好，对方身上散发出一种温和的气场，沟通交流时完全就像聊天，不紧不慢，不怒不火。见此，他也就放松了心情，虽是没有经验的新人，但也完全没有露出怯懦和卑微的样子。

简单地介绍过自己之后，对方开始向他提问。出乎意料的是，总监并没有用那些有可能在工作中遇到的棘手难题来考验他的反应能力，而是像朋友谈天似的，问了一个奇怪的问题："你平时喜欢走路吗？"他先是一愣，以为自己听错了，而后见对方面带笑意地冲自己说："没事儿，就随便聊聊，加深一下了解。"

他回答："我住的地方离公司不远，今天我就是走路过来的。"

总监问："现在像你这样的年轻人不多啊！大多数人都在追赶着时间，能开车就不坐车，能坐车就不走路。如果我没猜错，你应该是个慢热型的人吧？"

"嗯。从小到大，经常有人说我'笨'，学东西太慢。在来这里之前，还有朋友跟我说，我不适合做业务，但我还是想试试，我不愿认输。"他毫不隐晦，很坦白地说道。

总监笑着点点头，像是在默许什么。面试在很轻松的氛围中结束了。

几天以后，他接到了这家公司的电话，告知被录用。入职后，他深切地体会到，业务员的工作不仅繁忙复杂，而且还非常考验人的心理承受能力。联系客户时，遭遇冷言冷语、不屑一顾的眼神，甚至是不耐烦的谩骂，每天都会频繁上演。他亲眼看见，有的女同事在自尊心受到伤害后偷偷掉眼泪，有的男同事一脸丧气地在厕所里抽着闷烟，部门里每天都有人离职，又有新面孔出现，用总监的话来说，这里就是“剩者为王”。你得有耐性和毅力，扛得住，世界就是你的；扛不住，不妨另寻他路。

三个月下来，他一单都没能做成，拿到的是无责任底薪，勉强够维持生活。在偌大的城市里奔波，起早贪黑，约见客户，一日三餐从没有准点，还要看别人的脸色。这种压力让许多人望而却步了，换个轻松点的工作，也许比现在要好得多。与他一同培训入职的人，走了差不多三分之二，因为公司有一项“特殊”规定，什么时候拿到订单，什么时候转正加薪。三个月的试用期，期满后，员工可以选择继续留在公司，也可以选择离职。

不过，他依然坚守在岗位上，没有任何怨言，遭到了那么多次拒绝，他的心还是和最初一样。在外人看来，他似乎有点木讷，每天“傻傻”地重复着同样的事，没赚到什么钱，还终日笑呵呵的，没心没肺的样子。之后，总监找他谈话，问他对于自己这三个月的表现，有什么想说的？

他很诚实，说：“这三个月，我体会到了生活的不容易，现实和想象有很大的差距。我也知道，公司不会养闲人，要的是有能力、可以创造出业绩的人，现在看来，我是没做出什么成绩，可这是一个积累的过程。我想证明自己，也想赚钱，但我不急于一时，也希望公司能多给我这样的新人一点时间。”

总监笑着点头，而后跟他说：“还记得面试时我问过你，喜不喜欢走路？我很喜欢走路，尤其是慢慢地在街上走，那样能看到许多细节。在国外留学时，我经常独自走三四个小时的路程，只是走路，看看风景。回国后，很少有这样的机会，每天在路上看到的也总是着急忙慌的人。我坐上总监这个职位，也经历了很多起起落落，可我想告诉你，只要努力一步一步地走，总能走到终点。我还想告诉你：重要的不是你最终到达哪个位置，而是无论停在哪个位置，你都将因为无与伦比的经历，而成为无与伦比的你。”

一碗热豆浆，五分钟喝完与十五分钟喝完，两者的区别是“滋味”。你给味蕾时间，味蕾才会给你真滋味。同样，你给生活时间，生活才会给你大意味。千万别怕慢，只要你不退缩，生活就不会辜负你的努力。要知道，马不停蹄地想要得到，往往就会马不停蹄地失去，走得慢一点、稳一点，享受过程中的每一个细节，在每个细节中付出自己的认真，让躁动的心平静下来，那么，生命的回馈就会像帷幕一样缓缓拉开，为你演绎无限人生之美。

生活的味道是慢慢品出来的

也许你早已发现，生活中处处都在上演着“急”的片段：

排队上火车，排队进电影院，明明大家都有座位，按照先来后到的顺序就行了，大家都可以从容不迫地往前走，可有些人就是那么急，那架势就好像再晚一会儿，火车就会把他抛下，电影就会开场一样。到了下车或是电影结束时，有些人又像是被打了强心针，像弹簧一般跳起来，争相往外走，就好像逃命一般。

这种急，只是一些情绪躁动的表现，还有一种急，比这个更可怕。

为了那句“出名要趁早”“居者有其屋”，多少人奔波劳碌，总觉着这一生不能枉活，非得达到理想中的那个“顶峰”，拥有想要的名利物质，才能安逸地享受生活。理想是美好的，而实现理想的过程往往是不堪回首的，甚至是痛苦的。原因很简单，就是太急于得到，恨不得一夜之间，生活就有了翻天覆地的变化，自己就成了理想中的那个人。在匆忙的追寻中，忽略了生活的真意，也丢掉了耐性，变得越来越急躁，越来越浮夸。有人因此忧心忡忡，焦虑不已；有人寻求捷径，铤而走险。

其实，幸福哪儿有什么顶峰？生活又何曾怠慢过任何一个人？只是，我们在急着追赶追寻的时候，早已忘了生活的真正模样。

有这样一则禅学故事。

一位年轻人总是争分夺秒地生活，疲惫不堪，为此去请教佛祖开示。佛祖赐给他一只蜗牛，要他每天牵着蜗牛去散步，如此气性就能消解，快乐也会随之而来。年轻人如获至宝一般，把蜗牛带回了家。

劳碌了一天之后，按照佛祖的旨意，他牵着蜗牛去散步了。他牵着绳子在前面慢慢地走，蜗牛在后面缓缓地爬。只走了几步，他就急了，回头看看蜗牛，虽在努力地往前爬，每次却只能挪动一点。

“这也太慢了，”他想，“照这样的速度，我几时才能散完步呢？”他开始催促蜗牛，吓唬它、责骂它。蜗牛看着开始生气的他，眼光里似乎闪烁着抱歉的神色，好像在说：“我已经用尽全力了，只能走这么快了！”他心有不甘，又开始用力拉绳子，拉了一会儿又开始扯蜗牛的触角，他甚至踢了蜗牛一脚。蜗牛气喘吁吁，受了伤，流了汗，反而爬得更慢了。

他见状便开始抱怨：“佛祖啊佛祖，你让我干点什么不好，偏让我牵这么一只蜗牛来散步，这到底是何用意啊？”他抬头看看天，愣了一会儿神。这时，他突然觉得天上的云彩在湛蓝的天空中好美好美，他散步的小径一片安详，夕阳斜照在路边的花草上，他甚至突然闻到了一股花香，细柔的风像轻纱一样流过自己的肌肤。接着，他又听到了那久违的鸟叫声和虫鸣声。啊，多么祥和的一幕啊！可是，为什么自己以前从来没有感觉到这么多的美好呢？思想片刻，他顿悟了。

原来，佛祖让他牵一只蜗牛散步，是想让他停歇一下急躁的脚步，来感受一下生活的美好啊！想到此，他顿时觉得神清气爽，心里也不急躁了，一股幸福在心间涌动起来。

其实，生活就是要一天一天过的，并不需要太过急躁。如果得不到就急躁难耐，就无法享受追求的那份闲适，也无暇体会“追求”这个过程中的美好。

一对情侣在咖啡馆里聊天，聊到结婚时间的问题时，女孩想早点结婚，男孩觉得无房无车无事业，想再过一段时间结婚。于是，两个人发生了口角，互不相让。最终，男孩愤然离去，留下女孩坐在那里独自伤感。

女孩烦躁地搅动着桌上的柠檬茶，泄愤似的用小勺子狠劲地捣着杯中未去皮的柠檬片。杯中的茶被她折腾得泛起了苦味。女孩把侍者叫来，提出换一杯去皮的柠檬片泡的茶。侍者端来一杯冰冻过的柠檬茶。女孩一看，柠檬片依然是带皮的，便有点恼火地对侍者说：“我特意嘱咐你，柠檬要去皮，难道你没听到吗？”

侍者看着她，笑了笑说：“小姐，请不要着急。柠檬皮在充分浸泡后，苦味就会溶于茶中，再细品，那将是清爽甘甜的味道，相信您此刻需要的正是这种味道。您急躁地想在3分钟内把柠檬的香味全部挤压出来，那样只会把茶搅得很浑很苦。”

女孩愣愣地看着侍者，心有触动地问道：“那请问，需要多久，柠檬茶的香味才能达到极致呢？”侍者微笑着说：“需要12个小时。耐心地等待12个小时，您便能品味到极致的香味。”侍者接着说：“其实生命也像泡茶，任何烦恼，只要你肯耐心地等待12个小时，你会发现事情并没有那么糟糕。”

女孩守着茶杯陷入沉思。回到家后，她着手自泡了一杯柠檬茶，她静静地看着那美丽的柠檬片，它的每一个细胞在水中慢慢地舒展开来，她感到柠檬的生命和灵魂在水中慢慢地升华了。她品尝到了最美味、最清香的柠檬茶。门铃响了，女孩打开房门，看着站在门外的男孩，便也渐渐地打开了心门，原来等待里也有幸福啊！

生活，其实就是泡一杯柠檬茶。太急躁地追求结果，反而忽略了等待过程中的种种美好。静下心来，抱定一份闲适，品味着生活，慢慢等待，属于你的精彩之花终会盛开。

未来还没到，你的忧伤为时尚早

一个叫山姆的中年人，某天下午路过法庭，看到那儿围了一群人，就上前一问究竟。原来，是历时两个月的公审即将在此开始。出于好奇，山姆也挤了进去，在后排的一个席位上坐了下来。

庭审开始，只见被告身着西装，款式和山姆的衣服一模一样，他被指控故意伤人。控方的证据是，被告具备作案时间，而被告的辩护律师则说，案发当天下午，被告一直在家。只不过，在近两个小时的法庭调查和辩论中，被告始终都没能拿出证据证明案发当天下午他在家，而不在案发现场。最终，被告被宣判有罪。

这样的结局，让旁听席上的山姆大吃一惊，他想：万一以后有什么事情与我有关，我该如何证明我的清白？想到这儿，他心里一抽，只觉得脊背发凉。他问旁边一位戴眼镜的先生："请问，您叫什么名字？”对方说：“我叫弗兰德。”“我叫山姆，”山姆赶忙说明，“我想，你能证明我今天下午一直在法庭，对吗？”没想到，弗兰德先生却摇摇头，说：“对不起，我只能证明你现在在法庭，至于你跟我说话前是否在法庭，我不能证明。”山姆着急了，说：“整个下午我都跟您坐在一起，我一步都没有离开过这个座位，你怎么不能证明呢？”

法官从审判台上走下来时，恰巧看到了这一幕。山姆快速地拦住了法官，说：“我发誓，我整个下午都在法庭，我一直坐在他的旁边。”法官说：“你自己说了没用，你得有证人才行。有人能够证明你今天下午都在法庭吗？”山姆望着弗兰德，弗兰德却摇摇头，表示抱歉。法官说：“幸好，没有人指控你。”山姆惊出一身大汗。

走出法庭后，山姆忧心忡忡地上了公共汽车。售票员递给他票时，他问：“你这张票能够证明我今天下午五点左右在你们车上吗？”售票员很诧异，不知眼前这个人为何要问如此奇怪的问题，她说：“我们的票只能证明你乘过我们的车，但不能证明你在什么时候乘的车。”山姆小心翼翼地把票装进口袋里，临下车前，他问售票员：“请问，您叫什么名字？”售票员说：“我叫玛丽娜。”山姆指着自己的额头说：“我叫山姆。记住，我这儿有个刀疤。”

下车后，山姆没有直接回家，而是去了邻居家。敲开门后，他突兀地对邻居说：“不要动，你看着我。”说完，他跑到自己家门前，打开门，继而又喊道：“你看见了，我现在进门了，你能证明我到了家，我在家里。”说完，山姆才喘了一口气，进屋倒在沙发上睡着了。

也许是太过紧张的缘故，山姆忽然从梦中惊醒，似乎想起了什么，便兴致勃勃地跑到邻居家，说：“你看到了，我在家里。”邻居有点厌烦了，觉得汤姆太过神经质，便冷冷地说道：“我只能证明你两次敲我家门的时候你在这里，至于其他时间你在哪儿，我不能证明。”

听到这样的回答，山姆急坏了，突然他看到了床头柜上的电话机，拨通了一个朋友的电话，说：“喂，老兄，我打电话给你，是想让你证明我在家，万一将来有人指控我，你可以为我作证。”朋友说：“从来电显示上看，你是在家，可我只能证明你给我打电话的时候你在家，至于不打电话的时候你是否在家，对不起，我证明不了。”

就这样，山姆不断地敲邻居的门，不断地打朋友的电话。夜深人静时，他躺在床上不能入眠，想到自己和法庭上那个被判有罪的人一样，都是独自一人生活，这是多么危险。万一以后有人指控自己，那么很有可能自己会跟那个被告一样，因为没有证人而被判有罪。山姆越想越恐惧，他再也不能一个人生活了，他决定天一亮就立刻去找个证人来，与自己一起生活。

故事透着些许的荒诞诙谐，细细回味却又值得深思。在生活中，究竟有多少个“山姆”呢？恐怕不计其数吧！他们对没有发生的事，心存着恐惧；对没有到来的明天，心存着忧虑。每天沉浸在杯弓蛇影、患得患失之中，战战兢兢地活着。

真有那么多事情值得忧虑吗？恐怕多半情况下，都是自己的臆想罢了。有科学家对人的忧虑进行过科学的量化、统计和分析，结果发现，几乎百分之百的忧虑都是毫无必要的。统计显示：40%的忧虑是关于未来的事情；30%的忧虑是关于过去的事情；20%的忧虑只是来自微不足道的小事；4%的忧虑是我们改变不了的事实；剩下的4%是我们正在做着的事情。

过去的事情已经永远定格在了昨天，伤感也好，忧思也罢，终究是无用功；微不足道的小事不过是生活中的九牛一毛，好与坏都不会有太大的影响；改变不了的事实，纠结痛苦只是徒增烦恼，不如随它去；眼下的事，只要尽心尽力去做就好，尽人事听天命，也就没什么遗憾了；至于未来，它还没有来，忧虑似乎为时尚早了。

记得《圣经》里有一段精妙绝伦的话："不要为生命忧虑吃什么、喝什么，为身体忧虑穿什么。生命不胜于饮食吗？身体不胜于衣裳吗？你们看那天上的飞鸟，也不种，也不收，也不积蓄在仓里，你们的天父尚且养活它。你们不比飞鸟贵重得多吗？你们哪一个能用思虑使寿数增加一刻呢？那又何必为衣裳而忧虑？就像野地里的百合花，你们看它是怎样生长的，它也不劳苦，也不纺线，然而我告诉你们：就是所罗门极荣华的时候，他所穿戴的还不如这朵花呢！野地里的草今天还在，明天就被丢到炉里，神还给它这样的装饰，何况你们呢！所以，不要为明天忧虑，因为明天自有明天的忧虑。"

过度的忧虑只能让渐渐老去的生命丢失掉本该拥有的轻松与惬意，别想太多，踏踏实实地过好每一天，你若精彩，天自安排！

怕什么路途遥远，一步一步走下去

要完成一个巨大的目标，时间与精力，缺一不可。然而，人总是有惰性的，会倦怠，更会缺乏信心，情绪低落。在这些负面因子的干扰之下，许多人主动或被动地放弃了。

说来说去，还是太急，总想一蹴而就，找寻捷径。

数千年前的古人，早已在《劝学》中揭示：“不积跬步，无以至千里；不积小流，无以成江海。骑骥一跃，不能十步；驽马十驾，功在不舍。锲而舍之，朽木不折；锲而不舍，金石可镂。”每天向前一小步，持之以恒，一段日子之后，当你转过身来看时，会发现，自己原来已经走了那么远！这就是坚持与积累的效果。

说起自己的童年与少年时期，顾文总是屡屡摇头：“小时候不懂事，不愿意好好读书，这不，最后只能念个中专到社会上打拼啦！后来在我每天工作得累死累活，却看到同龄人还在大学里享受学习生活时，真恨不得给自己一巴掌！”

不过，话虽如此，顾文也并没有一蹶不振。从中专毕业之后，他做过小生意，开过出租车……后来，他去了一家公司干销售。虽然学历不怎么样，但他吃苦耐劳，薪水也不错。

在十余年的打拼之后，顾文发现了一个问题——自己的事业，已经不太容易再进一步了。怎么说呢？只能怪自己学历低！公司总把大客户交给那些学历高的同事。再看看那些刚进公司不久的大学生乃至研究生，人家晋升都比他快了好多，这让顾文有些坐不住了。

左思右想，顾文做了一个决定：他要去念成人大学，还要自学英语。

当他把这个想法告诉身边的人时，大家都觉得他的想法不切实际。顾文已经三十了，也有了家庭。在工作的繁忙与家庭的琐碎之下，他哪里还有时间去学习呢？可别雄心万丈，最后什么都没做成啊。

虽然旁人都不太理解顾文，但他并没有改变自己的想法。在社会上打拼多年的他明白，知识是非常重要的——或者说，一张毕业证书，同样重要。

就这样，顾文去成人大学报了名，还在网上购买了系统的英语自学课程。

白天，他在公司跑销售，随身带着一个单词本，时不时看看。而晚上，他则在网络课堂上学习。睡觉之前还要看看书，听听英语听力材料，还要跟着读几遍。听着他并不标准的发音，妻子又是好笑，又是心疼："都这么大的人了，还费劲学什么英语啊。你看你每天这么累，早点休息吧。"

可顾文却说："学习贵在坚持。我每天只学一点点，时间长了总会有成效的。我小时候就错过了重要的学习机会，现在可不能再错过了！"

就这样，日复一日，很快两年过去了。顾文从成人大学毕业了。而他的英语，也有了很大的进步。

有一天，公司有一桩大业务，客户是美国人。公司派去与客户接洽的人有两个，一个是硕士毕业的同事小张，一口英语说得非常地道，他主要负责与客户交流。而与他同行的顾文，则只是替他打打下手。

这天，顾文早早到了谈生意的饭店。可是，意外发生了——同事小张迟迟不见踪影。一打电话，才知道，原来路上发生了车祸，小张的车被堵在后面了。小张说，他的车被困在车流中，寸步难行；如果下车步行的话，至少要一个多小时才能到达目的地。而再从公司派人，也来不及了。

这可急坏了顾文，因为客户已经到了！如果在见面的第一天就让客户等人，对方一定会对公司留下不好的印象。

顾文真是觉得如坐针毡，他想，自己也学了两年英语，应该能够自然对话，可是……他对自己还是有些没信心。毕竟，他可不如硕士毕业的小张，但回头一想，又总不能把客户晾在一边啊！一番激烈的思想斗争之后，顾文对着客户点点头，说出了第一句话……

看似漫长的一个小时，终于结束了。

顾文虽然说得磕磕绊绊，但客户明显能感受到他的热情与诚意。一个小时过去之后，擅长英语的小张终于赶到了现场。当他知道只有中专学历的顾文居然和客户周旋了一个小时，不禁对顾文跷起了大拇指。

在小张的详细讲解下，这次会面终于进入正轨，结果也非常好。

单位里的领导知道了这件事，又了解到顾文已经拿到了成人大学的毕业证书，也对他另眼相看起来。

很快，顾文就被派到了重要的岗位上工作。

就这样，顾文收获了他长久努力所结出的第一颗果实。在这之后，他并没有懈怠，而是继续努力学习英语，他还常常看一些人际与心理方面的书籍。相信几年之后，他就能独当一面，去和外国客户交流了！

很多年轻人容易提前服老，认为自己再没有学习和进步的空间与精力了，于是面对与时俱进的社会，只能自甘堕落或暗自悲伤。但顾文做到了，秘诀就是坚持。事情就是这么简单，只要你肯下工夫，只要你肯坚持，那么一个看似高不可攀的目标也能被你攻破。

很多人对此都能抱以认同，并愿意试上一试，但却无法坚持到底。在一开始，要坚持一件事并不困难，因为你斗志昂扬。但过一段时间之后，困难就会找上你。到那时，疲劳就像一阵秋风一样袭来，你会感到疲惫，会觉得目标太遥远，并失去坚持下去的决心。

当你工作一天，疲惫不堪地回到家倒头就睡时，你会告诉自己，没有关系，就给自己放一天假吧，明天再来。结果，一天的懈怠和中断，就会打破你的坚持，随后懈怠的次数越来越多，直到完全放弃。

其实只要坚持下去，你就可以迈着小步走得很远。著名作家杰克·伦敦为了让自己坚持写作，会把好的字句抄在纸片上，插在镜子缝隙里、别在晒衣服的绳子上、放在衣袋里，以便自己随时记诵。多年以后，他终于成功了，成为文学界的一代名人，而他所付出的代价，不过是每天坚持了一下下。

就像比阿斯所说的那样："要从容地着手去做一件事，一旦开始就要坚持到底。"所有的成功者都可以证明：坚持，成就了人生的辉煌。

第3章

生活难免有些累，学会自我温暖和慰藉

生活从来都是五味杂陈，身处繁杂喧嚣的世界，或多或少都会让人感觉到累。有人内心向往着阳光，此刻却孤单地站在黑暗里摸索着前行；有人满载一腔热情和真诚，却得不到他人的理解，找不到属于自己的群体；有人正陷入现实的泥潭中挣扎，渴望找一个出口，吹一缕清风……真的没有谁比谁活得容易，每个人真正强大起来都要度过一段没人帮忙、没人支持的日子，但只要咬着牙撑过去，一切都会不一样。

生命中总有那么一段时光是寂寞的

“古来圣贤皆寂寞”，从来都不只是一句简单的诗词。

李白有“抽刀断水水更流，举杯消愁愁更愁”的寂寞；柳宗元有“倚楹遂至旦，寂寞将何言”的寂寞；苏轼有“我欲乘风归去，又恐琼楼玉宇，高处不胜寒”的寂寞；鲁迅先生也曾发出感叹“那寂寞如大毒蛇，缠住了我的心”……这些时代的先驱者，这样品行高洁的大家们，观念独树一帜，思想别具一格，在无法博得所有人理解的时候，他们依然我行我素。这种选择注定会造就孤独和寂寞，可那又怎么样呢？他们的名字，最终还是被永远留在了史册上，成为不可磨灭的印记。

寂寞，从来都是生活甩不掉的追随者。重要的是，在漫长难熬的日子里，有多少人能够耐得住那份寂寞？当孤独感与失落感袭来时，又有多少人能够用一颗无所畏惧的心坦然面对，并继续坚持着？扛不住，只有随波逐流；扛住了，便可海阔天空。

她是一个普通的女孩，走在熙攘的人群中，鲜少会惹人注意。可就是这样一个平凡的女孩，却有着非同寻常的梦想，她渴望站在舞台上唱歌。她知道，想要在这一行里出人头地实属不易，特别是像自己这样没有背景和出众外表的女孩。

曾经，在一位著名音乐人的制作室里，她被人直截了当地伤了自尊："你的嗓音和你的相貌一样，我看你很难在这行有所发展，趁早改行吧！"现实残酷无情，她什么都懂，却不甘心认输。所以，即便是听到这样的话，她还是选择默默地留下来。

有人对她说："那些话太伤人了，我要是你，肯定拂袖而去。"她笑笑，说："我不想离开，这里是离我梦想最近的地方。"留下来的她，给人端茶倒水，制作演出时间表，替歌手拿演出服……零碎杂乱的活儿，她统统包揽。

终于有一天，她微笑着站在了自己的舞台上，用并不惊艳却十分温暖的嗓音，感动了在场的所有人。在此之前，她忍受着巨大的寂寞和无助，过着贫瘠的生活，那段日子，没有人在意她，更没有人心疼她。可是，靠着那份隐忍和对梦想的坚持，她挺了过来。

和众多刚毕业的大学生一样，懵懂的他，百转千折才找到了人生中的第一份工作，在一家小广告公司做实习文案，工资低得可怜。他租住在城郊便宜简单的民房里，每天坐两个小时的公交车去上班，风雨无阻。

当年和他同寝室的哥们，因为家里有关系，一毕业就进入了好单位，待遇福利都不错，工作也不累。偶尔，他也会开玩笑地嘲讽：“投胎真是一门技术活儿，我没那种命啊！”当然，这不过是玩笑话，并非真的抱怨。他知道，人跟人不可比，要过想要的生活，抱怨无用，还得脚踏实地地努力。

入职的前两年，他的日子确实很难熬。每天绞尽脑汁、挖空心思地写文案，而写出来的东西也未必都能一次通过，有时要反复改上三四次。除了本职工作，他还不断地学习营销、策划和广告方面的东西，为的是拓展思路，让写出来的文案更接地气。

业余时间，他把精力投入到自己喜欢的写作中。深冬的夜里，房间里有些冷，他蜷缩在被窝里，抱着电脑，在键盘上敲打着，把脑海里所构思的故事，一字一字地写下来。那一刻，他觉得自己就像是纵横驰骋、呼风唤雨的国王，文字就是他任意差遣的士兵。唯有此时，他会以为自己是这个世界上最强大、最神圣、最可爱、最不可一世的英雄，平时所有的委屈、所有的辛苦、所有的寂寞、所有的忧伤、所有的烦躁，都变得微不足道，甚至成了过眼云烟。

几年后，他已褪去稚嫩的外表，不再是公司里被人呼来唤去的实习生，而是公司里的策划主管，同时也是某杂志社的签约作者，他有了一大批忠实的读者。在他的文章里，他曾这样写道：“耐得住寂寞，才守得住繁华。每个优秀的人，都要经历一段没人支持、没人帮助的日子，而这段时光，恰恰是沉淀自我的关键阶段。犹如黎明前的黑暗，挨过去，天也就亮了。”

相较而言，后者似乎离我们的生活更近一些，而他的人生经历，也会令不少人产生共鸣。在偌大的城市里奔波打拼，为了或大或小的梦想，或者只是为了更好的生存，谁都难免要经历一段寂寞的岁月。那段日子，没有鲜花、没有掌声、没有赞美，甚至没有美味的“面包”，只有一个人踟蹰前行，极少会有人把目光留在你身上，但那是成长和成功必须承受的“痛”。

寂寞是长夜里的孤灯，虽然冷清却可以闪闪发光；寂寞是绿草深处的一声蛙鸣，虽然孤寂却可以蓬勃生机；寂寞是无垠沙漠里的一株红花，虽然寥落却洋溢生机；寂寞是古老水井上的一片苔藓，虽然古老却孕育生命。如果此刻的你，正在经历着黎明前最黑暗的寂寞时光，别担心、别沮丧，你要相信，当你感到寂寞时，就是在孕育翅膀的时候。当你心甘情愿在冷清中继续前行，将点点滴滴的寂寞积蓄成能量时，在未来的某一刻，生活定会给你一个满意的答案。

不必因为害怕孤独而选择合群

网络上盛传着一篇名为《你以为你在合群，其实你是在浪费青春》的文章，里面有这样一段话："人是怕寂寞的，于是，大多数人都选择合群。可是，你以为你在合群，其实你在浪费自己的青春；你以为你交了朋友，当你毕业一无是处时，谁还会把你当朋友；你以为你大学四年不孤单，当你毕业没有工作时，没有老婆的日子你会更孤单……无论如何，那些有成就的人，都不合群；就算表面合群，他们的内心，也总有着自己的一片世界，他们喜欢静静地思考，并且一直向它迈进。"

此文讲述了大学时代的寝室生活，一时间引起众多网友的共鸣：寝室里四个人，三个人打着游戏，第四个人不玩儿，就是不合群；三个人都在看无聊的电影，第四个人不看，又是不合群。似乎，想要跟周围的人打成一片，就得合群；即便心里不愿意，也得故作合群。最后呢？真合群的人，往往虚掷了光阴；假合群的人，表里不一，活得难受。

说到底，无非都是怕孤独，怕被孤立。可你是否知道，这个世界上，往往都是那些当年看起来最不合群的人，最终成就了自己的理想，活出了别样的人生？

她的QQ里有一个群，是大学时代的室友建立的，把原来宿舍的六个人都加了进去。她鲜少在群里说话，通常都是屏蔽消息，偶尔有空的时候，打开看看。只不过，每次打开后都会笑着摇摇头，因为聊天的话题反反复复就是那么几个：工作太累了，工资太低了，孩子淘气了，衣服特价了，要去旅游了……她们还是跟多年前一样。

想起读书时，宿舍的几个女孩都喜欢打牌，每天晚饭后的娱乐活动，就是吵吵嚷嚷地在寝室里打升级。偶尔，实在凑不上人的时候，她才会玩一会儿。她也知道，有人背地里指责她太孤僻，不合群。如今，虽已不再过集体生活，可群里依然隔三岔五地组织聚会、野炊，她从来没有参加过，每次都以有事为由婉拒。

在室友眼里，她是有那么一点孤傲，似乎总在端架子。可她不愿意违背自己的内心，因为真的不太喜欢聊那些家长里短的话题，不太愿意把不顺心的事拿出来抱怨，更不愿意参加那些像是攀比车子、房子的聚会，为什么非要勉强自己呢？其实，她真的不是孤僻之人，跟聊得来的朋友，她也能畅谈一天不觉疲惫，她只是不想为了合群而合群，更不愿把时间浪费在自己不喜欢的事情上。

当年，室友们在寝室里打牌聊天吃零食时，她独自坐在图书馆里背单词；室友们在校园里谈情说爱时，她在自习室里敲打着键盘写小说。大四那年，她通过了英语六级，出版了自己的第一部小说，同时受到一家杂志社编辑的推荐，在毕业后顺利进入该社工作。而今，她已在杂志社工作五年，成了这里的中流砥柱，工资高低暂且不论，在圈内她已经是小有名气的人物了。未参与聚会的日子，她在安静地写小说，和编辑们谈出版事宜，在豆瓣上与粉丝互动，独自在咖啡馆里品咖啡。

她说："孤独，是给自己思考的时间。在一个人的日子里，我要做的只有一件事，就是把自己变得优秀。"不了解她的人，会说她不合群，自命清高，看不起别人。对此，她只是笑笑，说："道不同不相为谋，我尊重其他人的生活模式，但不代表我要效仿，要与之雷同。我希望保持自己的思想，哪怕会被人误解。"

活着不容易，每个人都有自己的苦衷，也有自己宣泄情绪的独特方式。也许，在某些人看来，打牌消遣、聊天聚会是一种轻松；但在有些人看来，最好的释放是一个人静静地独处，写写字，看看书，去陌生的地方……所谓"不合群"，实质上只是没有共振而已，倘若此时非强迫自己合群，内心才是真的孤独。

人生中的孤独是不可避免的，你有权选择自己的生活模式。不要因为怕孤单，怕被人说成不合群，就去迎合不属于自己的群体，选择不适合自己的娱乐方式。要知道，真正适合你的群体，是在交往中让你的心灵感受到放松，同时又得到升华；而不是每次在一起时，内心都感到虚无不安，对所说所做之事产生抵触情绪。若是后者，倒不如选择孤独。至少，在不被打扰的时间和空间里，你可以完全按照自己的意愿来安排这段时光，这是一种莫大的自由。

有些路，注定只能一个人走

生命是一场涩涩的苦旅，没有谁能同你相依一辈子，总有一些路，你得一个人走；总有一些滋味，你得独自品尝，没有人可以替代，没有人可以陪伴。

热血沸腾的年纪，他和挚友每人背着一把吉他，下课后在操场的某个角落里弹唱。他们说好，将来要做歌手，不管这条路有多难走，不管有多少人支持，都不放弃。

青春的日子总是短暂的，青春的童话总是美好的，只是岁月这把无情的刀，习惯用疼痛来叫醒那些做梦的人。相伴雨季，走过年华，转眼到了高考时。他坚持要报考艺术院校，希望挚友与他一起，在未来的日子里，继续着那一份相熟已久的默契。

挚友何尝不想？只是，现实从来都是理性的，不会感性地照顾每个人。挚友的父亲是某部队的领导，希望自己唯一的儿子能上军校。原本，挚友还在犹豫，可耐不住父母每天苦口婆心地劝解，最终，挚友选择了妥协。

高考前夕，他和挚友在校门外的饭馆里喝酒，这些年，他们都是滴酒不沾的，可这一次，就当是为了离别。席间，挚友问他，真的打算坚持下去吗？想过将来吗？他什么都没说。

几个月后，他走进了本市的一家艺术学院，主攻声乐。他依然喜欢弹吉他，只是再没有人像挚友那样，与他默契地合弹。他无比想念曾经在一起的时光，可在心里却从来没有怪过挚友，他知道：有些路，只能一个人走。那些邀约同行的人，一起走过年华，但终有一天会在某个渡口离散。因为每个人都是独立的个体，有独立的思想，追求的目标也不一样，总会有分道扬镳的那一天。在梦想之花绽放之前，必须默默耕耘，承受着一个人的孤独、寂寞和冷清；就算是成名之后，依然要面对“高处不胜寒”的境遇。

女孩陶子与父母远隔重洋，先是在异国他乡留学，后又留在国外工作。许多人羡慕她的生活，可她却说：“外人看到的永远是你光鲜亮丽的一面，可背后的心酸和眼泪，却从来无人问津。”

刚刚来到英国时，孤独感深深地笼罩着她。陌生的环境，陌生的人群，让她这个怀旧的女孩，无比想念家乡和父母。然而，现实不顾她的“慢热”，不管适应与否，都在逼迫她融入新的生活圈。她说：“那段日子，没有人陪我，我要熟悉周围的环境，要知道搭乘什么车去商场买东西，还要独自到银行去办理一系列的业务。坦白说，我很想有人拉我一把，引导我，就连做梦都想。可每次梦醒了，我还得一个人硬着头皮去做该做的事。大概就是从那时开始，我才知道，有些路，真的只能一个人走，即便是爱你的父母、宠你的男友、亲密的朋友，都不能保证随时随地出现在你眼前；即便他们在，也不能够替你去完成那些事。当没有依靠的时候，我学会了独立，而在学习独立的过程中，我的生命成长得很快，我的心也变得越来越强大。”

研究生毕业后，她留在了英国。借助假期，她去了欧洲的许多国家，大部分的时间都是一个人。曾有朋友问她，独自去陌生的国家和城市会不会害怕？她说：“怕过，因为要独自面对所有，会有未知和恐惧。可是，谁又能保证，你想要出去的时候，他人就一定有时间陪伴你，且愿意陪伴你呢？倘若无人陪伴就放弃，实在太遗憾。可当我迈出第一步之后，我才发现，真的没那么可怕，我碰到过许多热心的人，也见过许多不懂当地语言，却在异国他乡生存下来的人们，他们给了我莫大的力量。”

周国平在《灵魂只能独行》中写道：“灵魂永远只能独行，即使两个人相爱，他们的灵魂也无法同行。世间最动人的爱不仅是一颗独行的灵魂与另一颗独行的灵魂之间的最深切的呼唤与应答。灵魂的行走，只有一个目标就是寻找上帝。灵魂之所以只能独行，是因为每一个人只有自己寻找，才能找到他的上帝。”

充实的人生就不能没有孤独的体验，缺少独处的人生是不完美的。生命的舞台上没有永远的搭档，每个人都必须学会独舞，学会享受一个人的孤独、冷清、寂寞。这段路无人陪伴，却能体验到精神世界的富足，可以借助一个人的时光来感悟生活、感悟生命。当你度过了一段连自己都能感动的日子，就会遇见那个最好的自己。当你走过一条陌生的路，看过陌生的风景，在行走中找寻到那个强大的自己时，你就不会再畏惧生活。

人生路那么长，累了就停一停

托马斯·库克，世界著名航海家。在他的日记里，有一篇关于海鸟的故事：

在浩瀚无边的大西洋海面上空，数以万计的海鸟不停地盘旋，不时发出震耳欲聋的鸣叫声。许多海鸟耗尽了全部体力嘶喊与盘旋后，义无反顾地坠落茫茫大海，海面上不断地激起阵阵水花。

究竟是什么让这些海鸟接二连三地投身于大海？这个谜团，一直到了20世纪中期，才被悄然解开。

原来，海鸟葬身的地方，多年前曾是一个小岛。对于迁徙的鸟儿们来说，路程漫漫，在极度疲倦的时候，遇到一个可以休憩的小岛，实在是幸事。后来，这里发生了一次大的地震，小岛沉入大海，永远地消失了。迁徙途中的海鸟，当然对此一无所知，它们依然像过去一样，飞到这里，寻觅可以栖息的岛屿，希望缓解疲倦之后再继续征程。可是，那个被它们牢记于心、寄予希望的小岛不见了，再也找不到了，早已筋疲力尽的鸟儿们，只好无奈地在小岛的上空盘旋，悲哀地鸣叫，盼望着小岛重现。

最后，它们绝望了，耗尽了所有的力气，再无法飞翔，唯一的选择就是将自己的身躯，化为汪洋大海中的点点白浪，和心中那个美丽温馨的小岛一同深埋海底。

谜底揭开后，不免让人感到一丝悲凉。可怜的海鸟们，带着满身的疲惫和渴望休憩的心愿，在早已消失的小岛上空盘旋，耗尽了所有的精力，结果又带着绝望和遗憾葬身大海。

延伸一想：人生也是一次漫长的“迁徙”，路途遥远，在前行的过程里，每个人都会身心疲惫，都需要休憩之所。可是，有太多人就如同这些海鸟，明明很辛苦、很疲惫，却不肯停下来，非要抵达心中的某个“小岛”才肯罢休。试问：那小岛在哪儿呢？也许，拼了命追赶，耗费掉所有的力气，也未必能到达；就算真的到了那里，谁又能保证得到彻底的休憩？生活在变迁，我们想象的和即将发生的，不可能永远同步。

在普通人眼里，能够进入市中心的高档写字楼里上班，就意味着拥有一份令人羡慕的体面工作，拿着不菲的薪水。娉婷，就是被人羡慕的对象之一。

她曾衣着光鲜地出入于各种写字楼或商务会所，忙和累，是她生活的基调。她说：“每天就像陀螺一样，加班成了家常便饭，节假日也都要搭进去。如果我不这么拼命，就会被淘汰。况且，现在的物价这么高，我虽然忙些，好歹薪水还不低，周围的人都在赚钱买房买车，我也不是没有梦想的人……”

说起梦想，娉婷的眼神里充满向往，嘴角却扬起一抹无奈的笑。

她的梦想，就是过舒适惬意的生活，有空的时候到世界各地旅行，为了实现这种幸福的生活，她曾经连续工作36个小时，就连睡觉、吃饭都成了可有可无的小事。银行里的存款越来越多了，可她的心情却和从前大不一样了，对梦想的感受也有了微妙的转变。

“我曾给自己安排过一次出境游，目的地是我最向往的法国和意大利。只是，这场旅行和我想象中的浪漫毫无关联。我满脑子都是工作上的事，根本没有闲情逸致去领略风土人情。我突然觉得，自己活得好悲哀。倘若再忙上三五年，耗尽人生最美好的时光，却还不能实现梦想，我该怎么办？倘若梦想实现了，而那时我已经不再年轻，又该怎么享受？”娉婷的话语中，充满了质疑。

真正让娉婷做出改变的，是亚健康之苦。因为长期坐在电脑前，鼠标手、偏头痛、压力上瘾症，统统找上了她。难得休息时，她把时间全部用来补觉，连门都懒得出。生活，就像是一个轮回，上班——补觉，补觉——上班，再无其他。她越发觉得，用青春和健康换一个连自己都感到迷茫的梦想，实在不明智。于是，她辞职了。

停下忙碌的脚步后，娉婷休息了很长时间，之后又开始研究各行各业的特点。她说，工作不是生活的全部，未来的日子，她想保证生活的质量，过得简单些、快乐些。后来，她选择了一份薪水不高的软件测试员的工作，该忙的时候忙，该闲的时候提前下班，周末和假日完完全全属于自己。这种生活，反而让她觉得离梦想更近了。

是啊！我们来到世上，既要承受生活的磨难，又要享受生活赐予的幸福。不要总说：等我得到了那份工作，等我有了房子，等我赚了更多的钱，我就会……事实上，当你开启了追逐的脚步，就难以停下来了，因为现实中根本没有"那个"地方这种事。你见过生活中哪一个超高速运转的轮胎可以收放自如？你见过哪一个绷得过紧的琴弦依然能弹奏出美妙的乐章，始终不断的？你见过哪一个盛满了水的铁锅不锈迹斑斑的？你见过哪一个日夜高度紧张压抑的人健康幸福活到老的？

生活不只是为了到达山顶，也不是没有目的地围绕着山转。累了，就停下来歇一歇，看一看这个世界；之后，拍一拍灰尘，让心灵重归洁净，带着轻松继续前行。

无论谁离开了你，都要好好活下去

病房里，一个左手包着纱布的青年男子，向记者诉说着他与女友的恋爱故事，并深情地乞求女友能够出来见她一面。当时，病房里还有其他人，他们好奇地盯着这个男子，想听一听他的故事。

原来，男子与女友是在打工时认识的，两个人互有好感，就谈起了恋爱。无奈，女友的家人不同意，痴情的他没有退缩，而是向女友的家人保证，一定会好好对她。女孩也是个痴心人，坚定地要跟他在一起。历尽千辛万苦，这对年轻的恋人终于得到了家人的同意，订了婚。

恋爱总是美妙的，可婚姻却是平淡的。真正开始一起生活了，两个人也逐渐暴露出了性格上的缺点。男子脾气暴躁，吵架拌嘴的时候，总是忍不住对女友大打出手。女孩忍无可忍，愤然离去，任由他怎么解释，都不肯见他。

男子心里有自责，有歉意，为了证明自己的诚信，他来到女友家，二话没说，就拿菜刀剁下了自己的一个手指头，并向女友的父母保证：若是下次再对她动手的话，就把整个手都剁下来。

可想而知，面对如此血淋淋的场面，有谁会不震惊？女友的父母惊呆了，急忙把女儿叫了出来。男子以为，自己的行为会让女友原谅他过去的所作所为，却没想到，女友只是冷漠地看了他一眼，一句话都没说，就走出了家门。从此，再也不肯露面。

为了找到女友，男子向电视台求助。他想问问女友，自己的道歉还不够诚意吗？自己付出的还不够多吗？记者听了他的讲述后，找到并采访了他的女友。女孩只留给男子一句话："一个不懂爱自己的人，没资格去爱别人。"

当记者把这番话转达给男子的时候，他还是没有醒悟，始终在说："我很爱她，为她做了这么多，我对得起她了。"

采访结束后，记者摇摇头，每次看到这些因爱而伤痕累累的事情时，他都会生出一种痛惜之感。他觉得，男子根本没有资格说"爱"，因为他谁都不爱。他若爱女友，就不会屡屡对其动手，让对方避而不见；他若爱自己，就不会在失去爱的时候，对自己下如此酷刑。

尽管每个人都有各自对爱、对婚姻、对生活的理解，但有一点是相通的：不管什么时候，都得有一颗自爱的心，让自己知道如何减少痛苦与烦恼，让自己懂得如何找回自信与快乐。这是一种必备的自我调节能力，也是爱他人的前提。

21岁那年，女孩在男孩的穷追不舍下，答应做他的女朋友；26岁那年，女孩在男孩冷冷的言语中，心痛得无法呼吸，最终“被分手”。付出了自己最美好的青春年华，换来的却是这样的结局，女孩一时间无法接受，精神世界彻底坍塌。她说自己是一只无人理睬的丑小鸭，整个世界都把她抛弃了，不知道该怎么继续未来的生活。

母亲看在眼里，疼在心里。某个深夜，听到女儿在房间抽泣，母亲敲门进来，温柔地把女儿搂在怀里，轻轻地说：“我知道你难过，但你不能作践自己。他放弃了你，是他不懂得珍惜，但不代表你不优秀，你的价值不是他决定的。我希望你明白，不管谁离开了你，你都要好好地活下去，人得先爱自己，才有能力爱别人，才会值得被人爱。”

在母亲怀里哭过后，女孩平静了许多。那一晚，她躺在床上回想这段感情，扪心自问：我到底是怎么了？为什么要这样对待自己？那个独立干练的我哪儿去了？为什么就不能走出这段伤情呢？我没有做错什么事，是他玩弄了我的感情，该难过的人是他，而不是我。

一连几天，女孩都在自省。终于，她解开了自己的心结：自尊，狭隘的自尊。从小到大，自己一直被人捧着，从没有受过别人的冷漠。现在的痛苦，不是为了失去的那个他，而是为了狭隘的自尊。同时，她也明白，那种自尊只是虚荣的泡影，一个坚实的自尊当是自爱。若是足够爱自己，根本就不可能自惭形秽。况且，周围还有许多爱自己的人，如父母、朋友，自己若是安好，便是他们的晴天，懂得爱自己，不让他们担心，才是最该做的事。想通之后，女孩很快就走出了那段伤情。

在自信自强之前，我们都要自爱；在爱别人之前，我们更要自爱。爱自己，才会爱这个世界，才懂得如何经营生活，经营感情；爱自己，才能做到无论何时何地，遇到何事何物，都保持一份淡定从容。

磨难与痛苦是生命必经的历程，只能自己去承受，就像一首歌中唱到的那样："最孤独的时候不会有谁来陪伴你，最伤心的时候也没有人来呵护你，只有你自己，经历着一些必经的经历，只有靠自己，跨越一些生命中的难题……"所以，当你感到寂寞难耐、孤独无援时，当你必须独自穿行凄风苦雨的长巷时，当没人与你共同承担命运的磨难时，别忘了给自己一个坚定的笑容，一份压不垮的自信，然后大声地告诉自己——

"若没有我，我的自我将变成一纸空文；若没有我，我的生命将戛然而止；若没有我，我的世界将变成一片废墟。尽管在整个宇宙我不过是沧海一粟，但对于我自己，我是我的全部。为此，我首先珍重自己，才能得到别人的珍重；我必须善待自己，真心真意地关爱自己，才对得起造物主的恩赐。"

细心地呵护好你内在的“小孩”

当秦岚病愈出院重返职场时，她发现，一切好像都变了，尽管只有短短三个月的时间。

受金融危机的影响，公司大规模裁员，留下来的同事个个如履薄冰，生怕丢了饭碗。虽说大城市里的机会不少，可真要找到一个合适的公司、合适的职位，拿着基本能令人满意的工资，依然不易。即便有，也需要时间，这种事有点可遇不可求的意味。

秦岚是行政部的主管，原本部门有五个人，现在削减到了三个人。她不仅要照顾整个部门，还要兼顾以前下属负责的琐碎事务。刚刚过完35岁生日的她，其实已经有了一种危机感，她觉得自己从前的优势正在一点一点丧失，尽管这次没有被裁掉，可公司已经表态，今后还会不定期裁员。再看周围的中高层管理者，清一色都是男性，自己有家有孩子，自然无法像他们一样全身心投入到工作中；而且，部门里新来的年轻女孩，论学历、年龄，都比自己有优势，人家敢向老板保证，说自己五年内不结婚。想到这些，一股莫名的压力，涌上了心间。

拼命加班，早出晚归，秦岚在努力地表现自己，但这样的工作状态让她忽略了孩子，也冷淡了丈夫。她心里充满内疚，总觉得亏欠家人太多，有了这样的心理包袱，她更觉得力不从心，以至于她真的开始怀疑自己的能力。

多年的好友见她状态很差，便邀约她去听一场禅学讲座。正好，秦岚也想出去散散心，就答应了。可没想到，这场不经意参加的讲座，竟然改变了她的状态，改变了她的生活。

授课大师是一位面相温和的中年人，讲座一开场，他就缓缓地讲了一个故事。

禅师问终日打坐的弟子："你为什么终日打坐呢？"

弟子说："师父，我在参禅啊！"

禅师笑道："参禅和打坐完全不是一回事。"

弟子疑惑不解："您不是时常教导我们，要按住容易迷失的心，清净地观察一切，终日坐禅不可躺卧吗？"

禅师答："终日打坐不是禅，是在折磨自己的身体。禅定，可不是像木头一样坐着，是要身心极度宁静、清明的状态。离开外界一切物象，是禅；内心安定不敢乱，是定。心灵本来是宁静安定的，只是被外界的物象迷惑，才变得愚昧和迷茫。"

弟子问："那该怎么样才能去除妄念，不受物象的迷惑呢？"

禅师说："在凡人看来，清明和痴迷是对立的，事实上，它们本无差别。世间万物，皆是虚幻，财富、成就、名利和功勋对于生命来说只不过是灰尘与飞烟。心乱只是因为身在尘世，心静只是因为身在禅中。没有中断就没有连续，没有来也就没有去。”

讲完故事后，授课大师没有再说话，屋子里也是一片寂静。禅师的话，像暮鼓与晨钟一般，唤醒了碎裂在生活碾磨里的听众，秦岚也如是。之后，大师开始介绍打坐冥想的要义，并要求所有人跟随他一起感受冥想的效用——身体发热，内心宁静而舒畅。

多久没有感受到这样的轻松了？秦岚自己也说不清。总之，在冥想中，她忘记了工作的烦恼，生活的压力，甚至都忘记了自己。冥想结束后，她觉得好像有人搬走了自己心中的大石头。从那以后，她每天晚上都会抽出一些时间来冥想，还给自己报了瑜伽班。

渐渐地，秦岚找回了久违的身心平衡。对工作和未来，她没有之前那么“怕”，那么“慌”了。如今的她，最喜欢说的一句话就是：但行好事，莫问前程。

当生活被团团压力包裹时，一旦潜意识里存在“我一定要做好”的要求，就会表现得急功近利，处处都想占领上风，心理压力也必然会增大。也许，从表象上看，是外界的环境导致的，可实际上，真正的问题出在自己身上，是我们忘记了自我呵护。

其实，每个人心里都住着一个柔弱的“孩子”，只是我们总是太重视外在的一切，忽略掉了对心灵的滋养，无法释放内心的失重感。冥想，恰恰就是通过自我暗示的方式，与心灵对话，间接地呵护和关注内在的小孩，缓解心灵深处的压力。

作家林清玄在一次演讲中说过："生老病死，爱怨别离，求而不得，时时充斥着我们的生活。照顾好自己的心，就是爱的开始。"的确，心是生命的核，心情是最本真的生活状态，所有的喜怒哀乐无一不是从心开始的。照顾好自己的心，在受伤时舔舐伤口，在低落时给自己安慰；当心灵不再敏感和焦灼，当你能够平和地与自己相处，那么你才能游刃有余地活在世间，安心地走好每一段路。

难过时，对自己说一声不要紧

苏说，读大学心理学课程时，教授给他们上的第一堂课，名曰“三字经”。当时，教授说：“我有一句‘三字经’要奉送给在座所有的同学，它对你们日后的人生有很大的帮助——如果你能记住它，并懂得运用它。这‘三字经’就是‘不要紧’。”

那时，苏只有18岁，未经世事，并不太懂这三个字的要义。不过，她还是听了教授的建议，把那三个字端端正正地写在了精美的日记本上。

四年之后，苏在工作中认识了一位才华横溢的男人，他对苏关照爱护。因为彼此都是单身，单纯的苏以为，这便是上天安排的缘分了。然而，在一次外出郊游时，这个男人对苏说：“你很像我以前的女友，但你比她幸运，三年前，她出了意外……”苏这才明白，原来他对自己如此关爱，只因在自己身上看到了前任的影子。男人还告诉苏，他很快就要到国外进修了，若有机会的话，可能会一直在那边工作。

苏嘴上满是祝福的话，脸上笑成一朵花，可心里却在默默地下雨。她构想的那个“天堂”幻灭了，回家后，她哭得一塌糊涂……失眠之夜，她想写篇日记，翻开第一页，便看见了那三个字——“不要紧”。顿时，她觉得这所谓的“三字经”对自己就是一个天大的讽刺。怎么不要紧？要紧得很！从未尝过恋爱滋味的她，平生第一次对人动了心，没想到却是这样的结果。错过他，真的不知道今后还能否遇到如此让自己喜欢的人。

几天后，当苏再次看到“不要紧”三字时，她的心已经平静地接纳了现实。回归理性的她，也开始试着分析自己的情况：他对自己来说，究竟有多要紧？他从来没有爱过自己，就算勉强和自己在一起，也不过是把自己当成别人的替身，这样的爱情和婚姻，有什么意义呢？这对两个人来说，无疑都是痛苦的。

日子一天天过去，苏发现，没有他的生活也不算太糟糕。放下情感包袱的她，一门心思投入到工作中，她的创意得了好几项大奖。三年后，她在一次业内联谊会上，认识了现在的丈夫。他的出现，让苏知道了谁才是最对的人，最暖的伴。

而今，再想起年轻时那段无疾而终的感情时，她说：“其实，回头想想，也没什么大不了的。对坚强的人来说，痛苦和挫折就是一剂良药，一种考验。有时，看似‘坏’的一件事，也未必是真的‘坏’，也许就在不经意间，它就牵引出了好事呢！”

在生命的长河里搏击，总会有许多不如意的事，会扰乱内心的安宁。爱情如此，其他事也是如此。失恋了，我们总说，他/她夺走了我所有的幸福，这辈子再不会这样爱一个人了；失败了，我们总说，这辈子注定了就要庸庸碌碌，再怎么折腾也是枉然；受挫了，我们总说，生活对我太不公平，总让我经历沟壑与坎坷，什么时候才结束……似乎，一切已成定局，全都无法改变。可时隔多年后，再回头看，却发现当时让自己痛不欲生、绝望沮丧的事，并不像我们所以为的那么紧要，那么严重。

落魄的时候，周围的人都看不起他，就连话都懒得和他讲。他想向亲戚借点钱做小生意，别人摇头诉苦，说自己的日子也不好过，爱莫能助。世态炎凉，吹散了他心底仅有的那一丝暖意，走投无路时，他甚至想到了死，似乎唯有如此，才能彻底解脱。

死前，他想起一个人，那是昔日的好友。此人平时不苟言笑，鲜少与人往来，性格温和，心地善良。需要他帮忙时，往往不用开口，他就知道你需要的是什么。在这样的时候，他无比想念好友，于是带着诀别的心情，不远百里，去了好友家。

好友的家很简陋，他的穿着也很寒酸。看得出来，他的日子也不是那么好。在好友面前，他沮丧不已，述说着自己的遭遇和心情。发泄过后，好友淡淡地说了一句："不要紧，一切都会过去的。"

临别时，好友塞给他一卷钱，说道："不管眼下情况如何，都不要紧，一切都会过去的。"

他突然发现，好友家的院子里似乎少了点什么，他问："栏里的猪呢？"

好友说："就它值点钱，卖了。"

他这才明白，原来自己手里的那卷钱，是好友用那头猪换来的，好友给了自己“全部”。他决定活下去，好好地活下去，不为自己，就为好友的这一份忠肝义胆。

十年后，他再不是当年落魄的样子了。当年拿着好友给的钱，他做了小本生意，期间也遇到过各种困难，可每当想起好友拍着自己肩膀说的那句话“不要紧，一切都会过去”，他就咬着牙扛着，之后，一切就真的过去了。

在遭遇伤痛和逆境时，不要妄下消极的断言，想着这辈子彻底毁掉了，再没有重新站起来的勇气。一生很长，谁还没有心乱如麻的时候？谁还没有为爱神魂颠倒的时候？轻轻地对自己说一声“不要紧”，当你熬过了那段日子，跨过了这几道坎，一切都会回归平静。

第4章

把心灵慷慨地敞开，才能包容整个世界

生活就如同天气，不总是阳光明媚，偶尔也会有阴天雨雪，狂风雾霾。当你渴望世界处处充满温情时，却冷不防地受了他人的冷嘲热讽和伤害。也许，你会失望，你会流泪，你会暂时地失去前行的勇气，可是不要怕，因为生命就是一场穿越荆棘和沼泽的旅行。试着敞开你的心，用慷慨的姿态拥抱所有，你会发现，人生的路终会越走越敞亮。你若能心宽似海，自会换来人生的风平浪静。

就让他们在身后嘲笑，往前走别回头

叶倾城有一篇短文叫作《猴年马月》，看过的人对文中所述的“现象”一定都有共鸣。

那是作者刚上大学时的事情。班里有一位少数民族的同学，汉语说得很不好，很多话听起来都是颠三倒四的。偏偏这个人又特别喜欢诗歌，还说自己将来也要出版一本诗集。

他此言一出，作者便笑了，刻薄地回应道：“就你那汉语水平，出诗集，等猴年马月吧！”

同学不懂这个词语的意思，旁边有人便给他解释，同时也是为作者圆场，说是“生肖”的意思，就是猴年的马月，没别的意思。作者不屑一顾，补充了一句说：“那是一个专门发生不可能事情的月份。”那个同学当时只是一怔，半天之后才缓过神来，似乎有所领悟。

毕业后，作者与那位同学再无往来。然而，多年后的一天，作者突然收到一个纸包，里面是一本诗集和一封信，落款的名字，就是当年被作者嘲笑过的同学。信上，对方写道："谢谢你！我终于在猴年马月出版了我的第一本诗集。这么多年来，我一直记得你的鼓励，你说过，这是一个专门发生不可能事情的月份。知道吗？其实当初说想出诗集的时候，我心里也觉得没可能，不过安慰一下自己。是你让我明白，就像圣诞节是原谅的日子，猴年马月就是奇迹出现的时日。而我又有什么理由不竭尽全力，让不可能变成可能，让奇迹出现呢？"

之后，作者把这本诗集放在书架最显眼的地方，以此提醒自己：永远不要嘲笑任何人的梦想。同时，她也感激对方给自己上了人生最重要的一课：这个世界上，只有太过轻藐的心和不够努力的人，却没有什么是真正不可能发生的。

现实就是如此，在你并未做出什么惊天动地的成就之前，你所有的想法，所有的决策，在许多人眼里，似乎就是天方夜谭，痴人说梦。如果你信了别人的话，被嘲弄刻薄的语言击垮了前行的勇气，也许你这一生就只会停在原地，或是如他们所言。要知道，就连那些站在金字塔尖上的人，尽管现在看来闪耀无比，却也曾经历过被人轻视、讥笑的日子，重要的是，他们能把心敞开，把嘲讽丢在身后，不回头地往前走。

比如，李彦宏在美国留学时，老师笑着问他："中国有计算机吗？"八年后，他回国创建了百度；马云在和朋友成立海博翻译社时，第一个月赚了200元，房租700元，他背着麻袋去了义乌，卖过礼品、鲜花，还有手电筒；卞之琳经常被人嘲笑"说话绕弯子”，可是他写出了千万人追捧的名句“你在桥上看风景，看风景的人在楼上看你……”；亨利·布拉格在威廉玛丽学院读书时，因为是穷学生一直被人看不起，甚至还有人说他穿的破皮鞋是偷来的，父亲在给他的信中写道：“一旦你有了成就，我将引以为荣，因为我的儿子是穿着我的破皮鞋努力奋斗成功的……”结果，他成了物理学家。

所以，有人给你泼冷水、蔑视你、讽刺你的时候，不要悲观沮丧，更不要对自己失望。因为，在每个人成长的路上，奋斗的青春里，都少不了嘲笑与反对的声音，但你要明白，这个世界不是掌握在那些嘲笑者的手中，而是掌握在能够经受得住嘲笑与批评并不断往前走的人手中。你无法左右他人的态度，却有权选择自己的态度。

如果有人嘲笑你的外表，不要紧，你可以努力提升内涵。当有一天，岁月侵蚀了青春的容颜，所有的美貌都已随时间流逝时，你依然能够靠着一份丰富的内在闪闪发光，卓尔不群。

如果有人嘲笑你某方面的能力不足，或是某些事情做得不好，不要紧，没有哪种能力是与生俱来的，你可以不断地学习，以积极的心态去弥补不足。

如果有人抨击你的梦想，给你泼冷水，不要紧，你可以自我激励，就算全世界的人都不重视你，你也要重视自己，相信自己是独一无二的。梦想遥远没关系，只要你相信“猴年马月”这个发生奇迹的日子是存在的，就会让那些嘲讽成为毫无意义的聒噪。

你要相信，冷嘲热讽只是一种考验，你若太在意了，就是跟自己过不去，甚至会让自己一步步地陷入他人所说的境地。试着把心胸放开，用包容和感恩的心去看待那些讽刺，就像阿信在《海阔天空》里唱到的那样："冷漠的人，谢谢你们曾经看轻我，让我不低头，更精彩地活……"活着，就该有这样的姿态和勇气！

在时间与生命面前，私怨渺小如尘

她是一个独居的女人，对自己要求很高，对别人要求更高。在他人眼里，她似乎有点无理取闹，不可理喻，尤其是那份挑剔苛责的姿态，让人浑身不自在。

年初，她搬进了新房，正好与一朋友住隔壁。刚入住时，朋友还带着礼物给她“暖房”，可没过多久，两个人就横眉冷对了。彼此间的不愉快，多半都是因为她：有天早上，她下夜班回家睡觉，刚刚睡着就被门铃声吵醒，起来一看竟是按错门铃了，对方要去的是朋友家，原本只是小事一桩，她却不依不饶，事后在朋友面前抱怨了半天；还有一次，朋友不小心把垃圾袋忘在了自家门口，她嘲笑对方缺乏公德心；就连朋友家的小孩，在她家里跑来跑去，她也会指责朋友没教育好……时间久了，朋友也厌烦了，觉得她太狭隘，什么人什么事都容不下，也就不愿意跟她往来了。

跟朋友相处得不悦，跟同事的关系就更僵了。她在一家小文化公司负责宣传工作，经常要跟各个部门的同事沟通协作，但凡别人有什么事疏忽了，她定会唠叨抱怨，即便对方道歉解释，她也不依不饶。对工作负责无可厚非，可这种近乎训斥人的态度，任谁也接受不了。

所有人都觉得，她是不可能改变了。可偏偏一次意外事件，让她彻底意识到了自己的问题，并发自内心地转变了。

她的部门负责人是一个五十多岁的男人，之前在一所中学任教，还没到退休年龄就办了内退，因为发表过不少文章，又跟公司老板相熟，就被聘到公司做宣传。平时，大家都习惯叫他“李总”。

李总对工作一丝不苟，有时对下属略显严厉刻薄。她亲眼看见，李总对新来的员工说：“踏踏实实地工作，别偷懒耍小聪明。不然，我随时可以请你走人。”她做事严谨，一直小心翼翼，避免碰到“雷区”，可俗话说了，人非圣贤孰能无过？

那天，一个客户要求在杂志上发个广告，简单地交代了事情之后，客户就付了广告费离开了。她没想到，对方付的竟然是假钱！李总得知此事后，大发雷霆，指着她的鼻子说：“你这是什么意思？你知不知道，这是犯法的？”她顿时觉得五雷轰顶，浑身僵硬，一种憋屈感油然而生，原来李总竟然怀疑她故意用假钱。她再三解释说，这钱是客户给的，自己不知情。李总似乎并未听见，只是瞪着她，狠狠地说了一句：“以后如果再这样，请你马上走人。”

无论是生活还是工作，这些年，她一直都很严谨，尽量不让自己犯错。没想到，这次自己疏忽大意，惹来这么大的麻烦。其实，更让她堵得慌的是，被人误解、冤枉和怀疑。三十几岁的她，禁不住泪水满面。此后，她在工作上更为谨慎，可纵然如此，心里还是诚惶诚恐，尤其是害怕李总给自己穿小鞋。

几个月后，一向敬业的李总突然连续好几天都没来上班。她听同事说，李总病了。起初，她也没在意，可一连半个月过去，李总的身影还是没出现，直到新上司的到来。之后，她听到了一个晴天霹雳的消息：李总可能不久于人世了。

思虑了两天，她最终还是决定到医院去看望一下李总。见到他时，她怔住了。那个满面红光的男人已经变得面黄肌瘦，完全没有了往日的神采。他从嘴角扯出一丝勉强的微笑，除了那句"你来了"，便再没有多说什么，只是一直紧紧握着她的手。

那一刻，她对李总已经完全没有了怨恨。

后来，别人都说她变了，变得比从前爱笑了，宽容了，懂得体谅和理解人了。她说："在浩瀚的时空里，能够相遇就已经足够幸运，为何不宽容豁达一些呢？人与人之间的芥蒂与私怨，在时间与生命面前，渺小得如同大海中的浪花。"

水至清则无鱼，人至察则无徒。世人都喜欢宽容厚道的人，处处计较、处处挑剔的人，其实是在给自己出难题。想来，谁都有自己的生活与个性，谁都有自己的想法和活法，即便你不赞同，也该试着去接受；别人不经意的触犯，偶尔不小心犯下的错，真的不必耿耿于怀。你包容了他，实则也成全了自己，这种成全就是人性的魅力。

一个人的可爱之处取决什么？不是样貌，不是权势，不是富贵，而是心灵深处的光彩。你若能以宽容豁达的姿态面对一切，成为一个大气而坚定的人，那你会欣喜地发现，总有一些小小的幸福环绕在你身边。你要相信，一个人经历一次忍让，就会获得人生的一次亮丽；经历一次宽容，就会打开一道爱的大门。

宽恕是一种境界，也是一种情怀

一天中午，埃德蒙先生刚刚走到门口，突然听见楼上的卧室里发出轻微的响声。那种响声对他来说，真是再熟悉不过了，是阿马提小提琴的声音。然而，直觉又告诉他，家里一定是进了小偷。

他快速地冲上楼，果然见到一个13岁左右的少年，正在那里摆弄着小提琴。少年头发蓬乱，面黄肌瘦，穿着一件不合身的外套，里面好像塞了些东西。毫无疑问，他是一个小偷，埃德蒙先生用结实的身躯挡住了楼门口。

少年见到埃德蒙先生，眼神里充满了胆怯、恐慌，还有一丝绝望。那种眼神，让埃德蒙先生有种似曾相识的感觉，刹那间，让他想起了往事……缓过神来，他用微笑替代了刚刚愤怒的表情。

他问少年："你是丹尼尔先生的外甥约翰吗？我是他的管家。前两天，丹尼尔先生告诉我，说你会来，没想到来得这么快。"

少年先是一愣，但很快就反应过来，回答道：“我舅舅出门了吗？我想先出去转转，待会儿再回来，可以吗？”

埃德蒙先生点点头，当少年正要把小提琴放下时，他又问道：“你也喜欢拉小提琴吗？”

少年说：“是的，但我拉得不好。”

“那你为什么不拿着琴去练习一下呢？我想，丹尼尔先生一定会很高兴听到你的琴声。”埃德蒙温和而平缓地提出建议，少年疑惑地看了看他，最终又拿起了小提琴。

走出客厅时，少年突然发现墙上挂着一张埃德蒙先生在歌德大剧院演出的巨幅彩照，他的身体不由自主地抖了一下，接着就快速地离开了。这一切，都被埃德蒙先生看在眼里，他确信少年已经明白是怎么回事，因为没有哪位主人会用管家的照片来装饰客厅。

傍晚，埃德蒙太太回到家，感觉家里有些异常。往常这个时候，埃德蒙先生一定是在楼上拉琴，可今天却出奇的安静。她问：“亲爱的，你心爱的小提琴坏了吗？”

“没有，我把它送人了。”埃德蒙先生缓缓地答道。

“送人？怎么可能呢！你一直把它当成生命里不可或缺的一部分。”埃德蒙太太有点不敢相信自己的耳朵。

“亲爱的，你说的对，它是我生命中很重要的一件东西。但是，如果它可以拯救一个迷途的灵魂，我愿意这样做。”见妻子不明白自己所说的话，他便把事情的来龙去脉告诉了她，而后问道：“现在，你觉得我这样做有什么不对吗？”

妻子说："你是对的，我真希望它能够帮到那个孩子。"

三年后的一次音乐大赛中，埃德蒙先生受邀担任评委。比赛的最后，一位叫里特的小提琴手凭借实力夺取了冠军。埃德蒙一直觉得，好像在哪儿见过这个叫里特的男孩，却又实在想不起来。

颁奖结束后，里特拿着一只小提琴匣子跑到埃德蒙先生跟前，脸颊微微泛红，问道："埃德蒙先生，您还记得我吗？"埃德蒙先生蹙眉摇摇头。

"您曾经送给我一把小提琴，我一直珍藏着，直到有了今天。"说这番话时，里特的眼睛里噙着泪水，"那时，几乎所有人都把我当成垃圾，我也以为自己彻底完了。可是，您让我在贫穷和苦难中重新拾起了自尊，有了改变逆境的勇气。今天，我可以无愧地将这把小提琴还给您了，并对您说声谢谢。"

里特含着眼泪打开了琴匣，埃德蒙先生一眼就认出了自己的那把阿马提小提琴，它就静静地躺在里面。埃德蒙走上前去，紧紧地搂住了里特，他想起了三年前在家里发生的那一幕，也终于认出眼前这个少年就是"丹尼尔先生的外甥约翰"。埃德蒙的眼睛也湿润了，当年他的成全与宽恕，终究是挽救了那个迷途的灵魂。

懂得宽恕的人是伟大的，那份情怀就像紫罗兰，就算被人踩在了脚下，依然会赠予芳香。这不是软弱，而是一种涵养。那些习惯锱铢必较的人，路也总是越走越狭窄，而那些用宽恕替代怨怼的人，在给别人机会的同时，也高尚了自己。

1994年，对南非人格里高来说，日子过得实在太惶恐，他终日活在不安中。因为这一年，他曾经看守了27年的要犯曼德拉顺利当选为南非总统，而格里高经常会想起自己对曼德拉的种种虐待……对从前的所作所为，他自己都觉得可怕。

到了五月份，格里高果然收到了曼德拉亲自签署的就职仪式邀请函。他心想，自己遭报应的日子就要到了，曼德拉一定会在仪式上将自己狠狠地羞辱一番，再羁押进大牢。与此同时，当年和他一起的两位同事也收到了邀请函，他们惶恐地找格里高商量对策。他们知道，这场劫数是逃不掉的，只能硬着头皮参加。

就职仪式开始时，曼德拉致辞，他说："能够接待这么多尊贵的客人，我深感荣幸，可更让我高兴的是，当年陪伴我在罗本岛度过艰难岁月的三位狱警也来到了现场。我年轻时性子急，脾气暴，幸亏他们的帮助，我才学会了控制情绪。"随即，他把格里高等三人介绍给大家，并与他们拥抱。

曼德拉一番出人意料的话，让格里高三人无地自容，也让在场所有人肃然起敬。曼德拉在仪式结束后，平静地对格里高说："在走出囚室，经过通往自由的监狱大门那一刻，我已经清楚，如果自己不能把悲伤和怨恨留在身后，那么我其实仍在狱中。"格里高禁不住泪流满面，那一刻他也终于明白，告别仇恨的最佳方式是宽恕。

真正的勇气绝不是杀戮和威逼，而是宽恕。给别人一点宽恕，也许就能带给他人一个获得新生的机会。这是一种风格，也是一种风度。

把纠结的恩怨情仇看轻一些

在一家医院的急救室里，躺着一个周身沾染鲜血的女孩，医生奋力抢救了半天，最终还是眼睁睁地看着这个如花的生命凋零了。女孩被割断了大动脉，下此狠手的不是别人，正是与她相恋四年的男友。

在接受审讯时，杀害女友的男孩坦言，他和女友都出生在农村，能考上医学院很不容易。再有半个月，他们就将拿到医学院的学士学位。他想到别的城市发展，女友想留校读研究生，两个人意见不一，女友便想分手。他对女友用情至深，觉得她太狠心，几次挽留都无果，一气之下，就想到了报复。他解释说，其实自己真的不想杀害女友，就是想警告她而已，可是他忘了，自己是学医的，对大动脉的位置把握得无比精准，情急之下，什么都不顾了。

女孩离开这个世界的时候，她的父母还在赶往医院的路上，都没来得及看女儿最后一眼。她的同学在门外抽泣，报复她的昔日男友，则在铁窗里忏悔自责。

伤人者自伤。也许，在清醒的时候，谁都明白这一点。可在迷失心智的那一刻，就全然都忘了，内心被报复占满。然而，报复是什么？那是一把双刃剑，你畅快淋漓地刺伤了那些伤过你的人，同时也刺伤了自己和那些真正爱你的人。报复，从来都不是最狞厉的手段，用一颗慈悲的心宽恕，才是最震撼人心的姿态。

2007年7月23日，台湾大学副教授谢焕儒骑自行车路过河滨公园，无缘无故被一个光着上身的壮汉用棍棒殴打，最终重伤致死。殴打谢教授的人叫杨振堂，刚刚出狱七天，之所以会做出这样令人发指的举动，只因毒瘾发作。

此事一出，立刻引发各界的不满。然而，谢焕儒的妻子张美瑛，却在得知事情的经过后，第一时间就选择了原谅。她没有号啕大哭，也没有咒骂杀人者，只是默默地流着眼泪，在丈夫耳边轻声地说："我们原谅他。"在佛教信仰中，人往生时，耳识是最后离开的，她不愿意丈夫带着仇恨离开。若是前世欠下的孽债，还了，当下解脱；若没有欠，那他就是示现菩提，用死亡唤醒社会大众要对杨振堂这样的人伸出援手，所以不管出于哪种原因，她都欣然接受。

验尸当天，警察给杨振堂做笔录，问他事情的经过，他不停地说："我不知道。"对此，张美瑛并不愤怒，她说："我要如何仇恨一个不知道自己做了什么的人？"

“为什么要原谅他？一个好人被一个坏人杀了，有什么理由原谅他？”在丈夫走后，他的不少学生打电话给张美瑛，说自己心里好恨。张美瑛劝慰他们，说杨振堂的身世也很可怜，不该怨恨他。

当媒体将张美瑛选择原谅的态度公之于众时，一位慈济的老师打电话给她。原来，四十年前，他的父亲也是被坏人打死的，他的母亲满心怨恨。在电视上看到记者对张美瑛的采访时，他问八十岁的母亲：“当年，我们非要一个公道不可，最后得到了什么？除了把坏人关起来，我们没有时间疗伤，全家人都要靠精神科医生开药才能过日子。如果当年我们选择原谅，是不是会不一样？”

在谢焕儒的告别仪式上，张美瑛将《生死皆自在》送给到来的亲友们，还在封面上写了这样一段话：“远去的亲人已如一只飘扬的风筝，假如有一根线把它拉住了，这个风筝就会一直挣扎；祝福它，放下它，就让风筝自在地飘到它该落地的地方。”当她当着众人的面再次重复那一句“对于这一切，我欣然接受”时，所有人都湿了眼眶。

这个瘦弱的女人，在爱人遭遇不测、在众人都为之抱不平时，她本是最有资格指责犯错的人，可她却比周围的人表现得更冷静、更理智。淡如静水的她，没有说过一句犀利的话，周身却散发着一股令人无法抗拒的力量，这种力量来自于灵魂的深处，是一种人性的真善美。

人与人之间，难免会阴差阳错地发生一些必然的联系，难免会因为某种意外情况而受到伤害，这是任何人都无法预料的，也是每个人都必须要承受的“未知”。人生在世，谁没有过错？用报复来回应伤害，代价是巨大的，在给对方带来伤害的同时，也会耗尽自己的精力和追求。试问：难道，人活着就只是为了报复吗？

在美洲原始森林里生活着一种灰熊，当它被猎人的夹子夹住爪子后，它会用利齿啃断自己的爪子，然后悄悄地躲起来，用舌头舔舐自己的伤口。有人说，熊是在伺机报复，等猎人出现后，再去攻击他，报失爪之仇。当地的猎人却说，熊根本没有报复的念头。受了伤后，熊只记着：残了，也要好好地活下去。

灰熊只有四只爪子，当其中的一只爪子被夹掉后，报复与原谅对它来说，已经没有任何区别了。人生不也是如此吗？失去的、错过的、受伤的，都已成事实，再去报复，也无法让一切回到最初，那又何必再用报复来折磨自己呢？

也许，你只是人群中的沧海一粟，微不足道，但在伤害与仇恨面前，你若可以轻轻地说一声原谅，那你就是不凡的英雄。因为，世间所有伟大的人，都有两颗心，一颗在流血，一颗在宽容。

错就错了，你要有勇气原谅自己

离婚已经整整三年了，苏婧的心上却还是压着一块巨大的石头，沉重感时常在深夜偷偷袭来，搅得她不得安宁，痛苦万分。过去的一幕幕场景，就像放电影一般，在她的脑海里慢慢浮现，那画面记录着她的“罪恶”。

她从未把心事说给任何人听，也许是因为难以启齿吧！确实，让一个受过高等教育、工作体面的女人，承认自己有一段失败的婚姻，且这段婚姻的结束是因为她的出轨，太尴尬。

她与丈夫从恋爱到结婚，在一起有六年的时间。丈夫对她一心一意，在得知她有婚外情的那一刻，丈夫都懵了，根本不敢相信这是真的。想起丈夫当时痛苦的神情，还有角落里大声哭泣的无辜的孩子，她的精神世界彻底崩塌了！她觉得，自己就是一个十恶不赦的罪人，犯了不可饶恕的错误，同时，她也体会到了丈夫和家庭对自己的重要性。原本美好温馨的日子，被自己搅和得一塌糊涂。

爱情，有时坚如磐石，有时不堪一击。当彼此之间的信任被破坏，便再也无法回到最初。离婚，是他们最终的选择，无可奈何却又别无他法。婚后，孩子跟随丈夫一起生活，她想过争取孩子的抚养权，可她没有勇气，害怕丈夫说自己的作风问题会影响到孩子。看着被自己搅和得一塌糊涂的日子，她沉浸在自责中无法自拔。

事情已经过去，一切已成定局，可对于苏婧来说，这场噩梦却不知什么时候才能够彻底醒来。有人劝她，不管谁对谁错，日子总要继续，早点开始新的生活。苏婧何尝不想？可是，无形中有某种东西阻碍着她，动弹不得。时间长了，她整个人都变了，神情恍惚，自卑低迷。

在低迷的日子里，幸好还有相识多年、待她如亲人的朋友。为了照顾苏婧的自尊，有些话朋友没有当面直言，而是在网上写了一篇日志，分享给苏婧——

“有时，想起自己的某些所作所为，心里很不是滋味，甚至有种罪恶感。这些事，小到对同事的误解，大到对最亲近的人的伤害；有工作上无心的疏忽惹来的麻烦，还有感情上的故意的报复，以及偶尔冷言冷语、尖酸刻薄待人的态度……因为这些，我让身边的人尝到了失望、委屈、悲伤、痛苦。与此同时，这些曾经的‘罪恶’也让我感到了自责、遗恨。很多时候，我甚至想用惩罚自己的方式来减轻内心的疼痛，可结果却越陷越深。

“后来，我曾试着把内心的感受告诉那些曾被我误解、伤害过的人，奇怪的是，在我无比纠结和自责时，他们表现得远比想象中要平静，要大度。其中一个朋友对我说：‘说实话，没有人能原谅你，除了你自己。每个圣徒都有过去，每个罪人都有未来，更何况我们只是普通人，我们并未犯下什么不可饶恕的罪？’”

苏婧看过这篇日志后，主动找朋友敞开了心扉，说出掩藏在心底三年的痛苦。朋友想劝慰的初衷，也就此有了切入口：“有谁敢说自己从来没有犯过错？一辈子能有多久，你打算后半辈子都怨恨自己吗？我了解你，你向来都把爱情和婚姻想象得过于浪漫，婚后平淡的日子与之前的想象，差别太大。那一场错爱，你是败给了骨子里那个渴求温暖和浪漫的自己。我想，事到如今，你大概也真的懂了，浓烈的爱散去得也快，唯有平平淡淡最真实。苏婧，放了过去，放了自己吧！我认识的你，从来都是那么温和，那么大度，理解别人的苦衷，包容别人的错，原谅别人对你的伤害。我希望，你能把这份慷慨分给自己一点，别再用内疚折磨自己了，未来的路还很长，我们都不该剥夺自己重获幸福的权利。”

苏婧每个周末都会去看望女儿，只是每次和前夫碰见，她都很少说话。其实，她也想问候一下，随便聊聊，却怎么也开不了口，似乎自己根本没有资格去过问，哪怕是善意的关心。再次见到前夫和女儿时，苏婧放下了心里的包袱，她非常坦诚地跟前夫谈了一次，也第一次说出了压抑已久的话：“对不起，是我伤害了你和孩子。也许你不会原谅我，但我还是请求你的原谅。”没想到，前夫却笑着说：“过去的事都过去了，何必再提呢？回想以前，我若做得真好，也不至于让你对婚姻生活感到失望。”

说完，两个人相视一笑，孩子在一旁开心地吃着零食。这样的画面，温馨，幸福。不管未来怎样，是再续前缘，还是各奔天涯，苏婧觉得自己都可以坦然面对了。因为，她释放了一个“囚徒”，而那个“囚徒”就是她自己。

人生一世，花开一季。谁都希望自己所做的每一件事都是正确的，一步步地实现自己预期的目标，人生了无遗憾。然而，这只是一种幻想，人非圣贤孰能无过？人的遗憾与后悔，就如同苦难伴随生命的始终一样，不可能消失。

不懂内疚的人是冷漠的，但过分内疚的人却是愚蠢的，一味地沉浸在后悔、羞愧中，一蹶不振、自暴自弃，纠正不了你的行为，哪怕是一丝一毫。每个人的生活，都是在不停地犯错中向前的，正是有了这些错误，才让人生有了一种缺憾美。我们都该学会原谅自己，所谓原谅，不是给自己找借口，而是平静地分析自己曾经的错误，在错误中得到教训，重获新生。

相遇不易，活着不是为了生气

一对新婚夫妻到海边度蜜月，当他们在海里游泳时，一只鲨鱼朝它们快速地游来。他们拼命地往岸上游，可是他们游得太慢了，眼看鲨鱼与他们的距离越来越近。

就在这时，男人使劲用脚踢女人，然后又把自己的手划开了一道长长的伤口。女人不知道，丈夫为什么要在这个时候使劲地踢自己。当她游上岸时，再看丈夫，依然在海里被鲨鱼紧追着。她的心情很复杂，有恐惧、有担心、有生气。幸运的是，当时恰好有一艘船经过，把男人救上了岸。这时，男人已经因为失血过多昏迷了。

看见丈夫，女人又想起刚刚在大海里他用力踢自己的情景，越想越生气。一赌气，她把结婚戒指摘了下来，扔在丈夫身上。这时，船上的一位老人对她说："姑娘，他踢你是想让你更快地游到岸上；他弄伤自己的手，是想用血吸引鲨鱼去追他。要不是这样，你怎么有足够的时间游上岸呢？”女人这才明白是怎么一回事，抱着丈夫痛哭起来。

还有一位妇女，曾在某集市的一幢居民楼上，想跳楼自杀。接到报案后，民警急忙赶往现场，苦口婆心劝了半个多小时，才让这位妇女放弃跳楼的念头。当民警得知其跳楼的原因时，纷纷摇头，感叹不值。

这位妇女一直在集市卖菜。几天前，和她临近的一位卖菜的老汉，菜价调得比她的低，抢了她的生意。一气之下，妇女就找老汉理论，说着说着，两个人就吵起来了。吵了半天，也没吵出一个结果来。回到家后，妇女把事情跟丈夫说了。第二天，她和丈夫一起来到市场，找老汉“算账”，丈夫把老汉打了一顿，给妻子出了气。

老汉的家人得知情况后，立刻报了警。结果，因为老汉受了轻微伤，民警在调解后要求妇女和丈夫赔偿老汉医药费等1000元钱。妇女觉得，本来就是老汉不遵守“市场规则”，这钱赔得太冤，一气之下，就想跳楼。

民警将其解救后，一边劝慰一边教育，妇女说：“我也是一时太生气了，为这点事就要跳楼，要真的跳下去了，不仅害了自己，也害了我的家人。”

作家吴淡如说过：“每个人都会生气。但你绝对要懂得，发脾气像钉钉子，钉过必留痕迹。追求一时畅快的代价，是花很多时间收拾遗留的副作用，得不偿失。”

我们往往都是在不知事情的真相或是情急失控的时候生气，

一旦知道事情内幕或心绪平静了之后，又会为当时的生气而懊悔。既然如此，为何不在愤怒发火之前，给自己一点冷静的时间呢？人生苦短，缘来不易，有太多东西值得去珍惜。佛曰：前世的五百次回眸，才换来今生的擦肩而过。若真如此，那么世间的每一段相遇，一定都是久别重逢。难能可贵的遇见，何不用一颗宽容豁达的心去对待呢？

炎热的夏天，拥挤的公交车上，一对恋人站在车厢的后面。为了避免别人挤到女孩，男孩用手臂围挡在她的腰上。男孩轻轻地问："累吗？待会儿想吃什么？"因为工作压力的缘故，女孩心情烦躁，便不耐烦地回了一句："随便吧，别问我了！吃东西这样的小事你都没主见吗？"碰了"钉子"之后，男孩一脸无辜地低下了头，小声说道："征求你的意见，是希望你吃到自己喜欢的东西。你工作上那些不顺心的事，我帮不了，我能做的只有这些。"

听完这番话，女孩心里满怀愧疚，后悔自己刚刚发脾气。想想这几年他对自己的好，涌起一阵心酸，对他说："对不起。"他笑了，温柔地说了一句："没事儿。和你在一起又不是为了生气。"

生命如同一场奇异的旅程，有愿才会有缘，如果无愿，即使有缘的人也会擦身错过。两个人在茫茫人海相遇、相知、相恋，多么可贵的一件事，为何要生气呢？有时我们连陌生人都可以迁就，都可以忍让，为何要向最亲的人动怒呢？再静下心来想想，人生在世匆匆数十年，夕阳如金，娇月如银，幸福快乐还没享受完，为何非要让愤怒占据自己的生活呢？

胡适说过，世间最可厌恶的事莫如一张生气的脸，世间最下流的事莫如把生气的脸摆给旁人看。当一个人真正地懂得了惜缘，并发自内心愿意成为一个大度的人时，他便不会轻易被愤怒蒙蔽理智，更不会为了那些不值得的人或事，让生命中的百宝箱毁于一旦。在岁月的长河里，愿你早一些明白这个道理，早点放开胸怀，成为一个大度而宽厚的人。

在岁月不够安好时依然向善

认识苏珊的人都说，她绝对是一个聪慧的女子。是的，一个没有高学历，没有漂亮的脸蛋和傲人身材的普通女孩，靠着自己的努力，两年下来就成了公司里的业务骨干，令上司对只有高中学历的她刮目相看。

苏珊的成绩，一半是靠自己的能力打拼出来的，一半是靠上司的引导和栽培。在同事的眼里，上司从来都不是一个简单的人物，他的业务能力，大家有目共睹，且都暗暗佩服。唯一的缺点就是，有时过于蛮横武断。不过，苏珊倒是很欣赏上司的个性，在心里默默地把他当成榜样，希望有一天也能坐到他的位子。

苏珊的心愿，本来是有望达成的，因为公司上下都很看好她，一切只是时间问题。然而，就在她的事业顺风顺水的时候，发生了一个意外事件，让事情悄然起变。

公司非常重视的一家大客户，经过几次交涉，终于同意与业务负责人会面。那天，客户打电话过来，让公司派人过去洽谈。为了保险起见，上司特意安排苏珊去。苏珊接到任务后，马上打车到客户那里去，不料半路却遭遇了严重的堵车，心急的苏珊只好下车，走路过去。等到了客户那里的时候，已经比预约的时间晚了40分钟。客户认为，苏珊及公司缺乏诚意，以此为由把业务给推掉了。

有句话说得好："欲加之罪，何患无辞？"苏珊了解到，其实客户早就与另一家公司有了接触，并且已经有了合作的打算。他们打电话让公司派人过去洽谈，无非是想当面摊牌，并要回他们在交往中放在苏珊那里的资料罢了。

失去了大客户固然可惜，但错不在苏珊。可不管苏珊怎么解释，上司还是不由分说地将责任全部扣在苏珊的头上，除了扣除她三个月的奖金外，还在公司的展板贴出了通报批评。如此不通情理的做法，让苏珊难以接受，又气又恨。这件事之后，她对上司好感全无，从前的崇拜，在如今看来，也成了嘲笑自己无知的理由。她觉得，上司简直是非不分，黑白不辨。

关系不错的同事，私底下也替苏珊抱不平，声称换作自己，可能真的就辞职了。苏珊很现实，她从一个拿着底薪、没有任何客户关系的小业务员，一步步走到今天，吃了太多苦，实在不易。所以，她不会为了这件意外之事就辞职，她想要的，是更高的天空。

苏珊一如既往地做事，业绩和从前相比毫不逊色，依然是公司里可圈可点的人物。而上司呢？似乎早就忘了之前的事，仍然和从前一样，经常表扬苏珊，及时发放奖金。可即便如此，苏珊的心里还是有一个死结，那件事始终是个阴影，让她如鲠在喉，做事格外小心。

一年后，上司被提升为大区经理。苏珊高兴不已，心想着，终于可以摆脱这个上司了，不跟他在一起共事，就是莫大的幸运。至于他升迁到哪儿，跟自己毫无关系。没想到，升为大区经理的上司，不久之后就点名要苏珊去做他的助理，苏珊不肯，婉言相拒。上司觉得有点意外，却也没再多说什么，就另外挑选了一个业务能力不错的女孩去做助理。

半年后，公司人事发生变动，升为大区经理的上司当了副总裁，而那个协助他的助理，则接替他成为大区经理。这样的结果，是苏珊万万没有想到的，她一时间哑口无言。知情的同事私下对她说："真替你惋惜，当初你要是去做他的助理，现在的机会就是你的。"

最近的一次年会上，已成副总裁的上司碰到苏珊，说他一直很看重苏珊的才能，当时点名要她做助理，就是想提升她做大区经理……此时，说得再多又有什么用呢？机会，从来都是稍纵即逝的。苏珊后悔不已，她只怪自己太过狭隘和固执。

想要在人生路上走得更远，怀里就不能揣着太多无用的包袱，嫉恨就是其中之一。身处群居的社会，人与人之间难免磕磕碰碰，受点委屈和伤害，在所难免。不管他人是无心之过，还是有意为之，都不要太放在心上。你要知道：这个世界上，还有人比你更倒霉，经历更多、更大的痛苦，可他们却能做到相逢一笑泯恩仇。

一个患有癫痫病的女人，丈夫卧病在床丧失了劳动能力，她靠给人洗衣服撑起这个家，把儿子养大成人。可就在儿子18岁那年，却意外被一个喝醉酒的少年用酒瓶扎死。痛失爱子的她，终日以泪洗面，心中满是仇恨。

三年后的一天，她突然想到，那个曾经杀害自己儿子的少年，如今也已18岁。她决定，去看看那个孩子。那个少年见到她的时候，痛哭不已，一再跟她道歉。那种感觉似曾相识，就像是抱着自己的孩子。就在这刻，她放下了所有的仇恨。

此后，她依然给人洗衣服，可心里却平静了许多。她知道，好日子并非只是岁月安好，更多的时候是在岁月不够安好时，人心依然向善；在那些无常和无奈的缝隙中，放下悲痛和怨恨，努力找到希望的光，并用那一点点微弱的光，照亮自己今后的日子。

是的，被恨的人，没有什么痛苦；去恨的人，往往伤痕累累。生活本已够累，若在精神上还不懂得善待自己，释放心灵，实则是苦了自己。当然，做到宽容并不容易，它需要修身养性、修心养德，还需要将心比心、换位思考，可也正因为不易，才显得如此可贵。

流言碎语，任它吹来，任它吹去

女作家王安忆曾经写过这样一段话："流言在弄堂这种地方，从一扇后门传进另一扇后门，转眼间便全世界皆知了。它们就好像一种无声的电波，在城市的上空交叉穿行；它们还好像是无形的浮云，笼罩着城市，渐渐酿成一场是非的雨。这雨也不是什么倾盆的雨，而是那黄梅天里的雨，虽然不暴烈，却是连空气都湿透的。"

1935年3月8日，一代影后阮玲玉在难以承受的流言蜚语中，结束了自己年仅25岁的生命，含恨留下"人言可畏"的遗言，以此印证了"舌根底下压死人"的俗语。2008年10月2日，韩国演员崔真实自杀身亡，有消息称其自杀是受到网上恶意谣言的煎熬；同年10月3日，韩国变性艺人张彩苑亦自尽身亡。

多少人为之扼腕叹息，多少人为之感叹不值。当流言蜚语冲破了她们的心理防线时，她们都忘了：有人的地方就有流言，每个人在世上，都免不了要承受外界的流言蜚语。无论是真的、假的，好听的、难听的，你都无法阻止它的出现。你富有，有人因嫉妒生恨，刻意诋毁你；你清贫，有人轻视鄙夷，看不起你；你精明，有人说你善于算计；你无争，有人说你软弱好欺；你漂亮，有人说你徒有外表；你平凡，有人说你毫不起眼。不管你怎么做，你活成什么样，也难以赢尽所有人的心。

刚刚应聘到一家外贸公司工作的伊莎，因为业务不熟练，工作上经常出错，上司没少批评她。原本性格就内向的伊莎，心理上承受着巨大的压力，却又不善表达，只是一个人郁郁寡欢，很少跟同事说笑。为此，同事觉得她太孤僻，不好相处。

一次，她去咖啡间时听到了同事的言语“攻击”：“她整天拉着个脸，给谁看呢？瞅着就来气”“是呀，什么都不会，跟你说句话，也是问这问那的，烦死了”“这种人不会有男朋友吧？说句话憋憋屈屈的，谁要她”……听到这样的声音，伊莎的眼泪立刻就流了下来。

自那以后，伊莎比以前更沉默了，有不知道的事情也不敢问同事，怕被人看不起，怕惹人厌烦；问领导，更是担心被训斥。时间长了，她对自己没了信心，对工作也没了兴致，每天煎熬着度日，让她难以忍受，只好辞职。

躲开了同事的闲言碎语，避开了上司的严厉苛责，这让伊莎暂时得到了喘息的机会。可接下来的路要怎么走呢？她想过，重新再找一份工作，只是一想到之前在公司里那种惶恐不安的状态，她就打心眼里害怕。

同样烦恼的，还有小莫。大学毕业后，她进入一家大公司的市场部工作，部门里实行资源共享制度，她被安排与男同事陈峰搭档，两个人共同负责某地区的市场。

陈峰比小莫早两年进公司，从业资历比较长，在这一行里做得也不错。对初出茅庐的新人小莫，陈峰有点不屑一顾，这一点小莫早已料到，也并没有往心里去。然而，接下来发生的一系列事情，却让小莫难以承受。

谁都知道，做市场的竞争激烈，即便是同事，彼此间也有竞争的意味。小莫是个学习能力很强的女孩，这让陈峰觉得自己的地位受到了威胁。最初，他在同事之间说小莫工作能力有限，后来他见有些客户喜欢跟小莫打交道而不再找他时，他就在客户面前说小莫的闲话。对此，小莫一无所知。

直到那天，一位客户跟小莫开玩笑，不小心说漏了嘴。小莫这才知道，陈峰竟然在客户面前编造小莫与另外一家公司的市场部经理的“桃色新闻”，说得绘声绘色，十分难听。以至于，后来有些客户听到小莫的自我介绍后，竟然露出意味深长的笑，还说“久仰大名”。

一个20出头的女孩子，连恋爱都还没有谈过，就被人污蔑成这样，除了窝心难受，小莫实在不知道还能怎样？那段日子，她无心工作，经常一个人躲起来哭，还动了辞职的念头。幸好，公司后来进行人事调动，她被调到了客服部，情绪才慢慢得以缓解。

美国心理学家帕翠丝·埃文斯说：“人们评价我们，实际上是在假装知道我们的内心世界，是在对我们的精神边界进行攻击。如果接受这些攻击，我们会暂时迷失自我，屈服于别人的控制。”

面对流言蜚语，大可不必寝食难安，大吵大闹。你若太当真，太较真，就会输掉自己的生活，输掉平和安宁的心境。听到闲言碎语时，不妨想想：你能禁止别人的流言吗？你能四处跟别人解释清楚吗？若不能，那就任它吹来，任它吹去吧！要知道，没有什么流言能真正中伤你，关键看你自己如何对待，最容易被流言击垮的，往往都是不自信和敏感型的人。

回击流言最好的方式，就是还他一副平静的姿态。你越是平静，越是不当回事，那些传流言的人便越觉得无趣。对你没有杀伤力，流言也便失去了流传的意义。当然，关系到自身名誉的问题，也不要一味地保持沉默，若有实际证据证明自己的清白，拿出来给要好的朋友看，争取他们的信任和支持，再通过他们之口把事实摆给更多的人看。由旁人帮你去澄清，往往会起到事半功倍的效果。

谢谢你的对手，是他让你更优秀

1987年的一个明媚的早晨，哈佛大学的雷万恩教授来给所有一年级的博士生上人类与心理发展研讨课。

上课后，雷万恩教授对大家说："同学们，非常欢迎你来哈佛求学，今天是大家第一天上课。作为一个哈佛人，我希望我能教会你们的不仅是要怎样做学生，怎样做学问，还有怎样做人。"说到这里，雷万恩教授刻意停顿了一下，此时已是一片寂静，"大家要在学习当中学会如何跟别人相处，不要死读书，更不要做书呆子。在学术上有了争论，大家既要保持自己的观点，不人云亦云，同时又要以一个虚心和尊重的态度来欣赏对方的观点……"

"能不能举几个例子说明一下？"有个同学突然开口问道。

雷万恩教授十分高兴学生的提问，他欢快地说："好！我们就先说——做人。在咱们学院里，论私交我与柯尔伯格的关系最密切。我们两个都毕业于哈佛大学，又同时留校工作。本来，是他最先来到教育学院教书的，不久之后，我也被他拉了过来。我们在私下是非常好的朋友，但论学术见解，我们两个人却水火不容。他极力主张人类的道德发展是一致的，而且也是一成不变的；而我则主张人类的道德发展存在着巨大的文化差异。为此，我们两个人定了一条君子协定，就是当面尽量争吵，背后尽量说对方的好话。那么，现在我要告诉你们，柯尔伯格是美国乃至世界著名的心理学家，他的理论对心理学的发展做出了突出的贡献。大家说，我是不是在真诚地欣赏柯尔伯格老兄呢？”

听到这里，学生们哄堂大笑，雷万恩教授也情不自禁地笑了起来。但他忽然沉寂下来，一脸沉重地对大家说：“可惜你们再也听不到柯尔伯格对我的赞赏了，因为他今年年初已经不幸去世，他的离去对系里和我本人来讲都是一个沉重的打击。他是一个很会做学问的人，别人用四年读完大学，他用两年就读完了。而在后来对人类道德发展的研究中，他又巧妙运用了一个两难抉择的故事，成功地勾画出人类道德判断的三阶六段，使皮亚杰的认知理论在美国发扬光大，也使他的案例研究法为各个学科的学者所广泛运用。你们想一想，在心理学史上，有谁曾利用人们对一个小故事的不同判断而开创出一套十分完整而又严谨的理论体系来，没有！所以柯尔伯格给我们开了一个很好的先河。他在心理学研究方法上的贡献一点不亚于他在心理学理论上的贡献……”

学生们不再窃笑，也没有人低语，课堂上呈现出一种独特的庄严和肃穆。雷万恩教授在柯尔伯格生前与他在学术上争论不休，但是他们背后却互相欣赏。学术上的分歧让他们一步步接近真理，也让他们成为了更好的自己。

这不禁让人想起一则故事。

相传，古印度有一位英勇无敌的王子，在一次征战后，他率兵回朝。在盛大的庆功宴上，王子谦逊有礼地举起金杯，向在座的前辈、大臣、将士，还有黎民百姓表示感谢，甚至连给他牵马的人他都没忘记，这让大家深深感动，并更加敬仰他的品行。

此时，旁边的老国王提醒他说："孩子，有一个最重要的人，你还没向他致谢呢！"王子怔了一下，始终想不出是谁，只好向父亲请教。只听，老国王一字一句地说："你的敌人。"

一个人没有朋友很可悲，但若没有对手，也会很孤独。人的一生，无论顺逆，注定都要扮演"战士"的角色，与大大小小的对手或敌人相遇。在很多时候，敌人和对手显得比朋友更"真诚"，因为他打败你时，绝对不会留什么情面；他嘲笑你时，那份冷酷让你更加刻骨铭心。是对手和敌人的强悍，才让我们战战兢兢、如履薄冰、不断进步和升华。

看待对手的姿态，透露着一个人的视野与格局，你把他视为让自己进步的强心针，那证明你的内心世界足够宽阔，你愿在竞争中成为更加优秀的自己；你把他视为寇仇般欲除之而后快，那么你注定也只会故步自封，不敢迎接更大的挑战。

奥地利作家卡夫卡说过，真正的对手会灌输给你大量的勇气。不要抵触和打击你的对手，那样不会让你变得更加强壮，相反只会削减你的斗志。要知道，当别人把你当成对手时，那就表示你的能力足以威胁他的存在。你要欣赏并感谢你的对手，试着去了解对方的长处和优点，用欣赏的目光来面对，努力让自己也做一个别人敬重的对手。

第5章

认清生活的真相，继续热爱生活

不谙世事的年纪，我们总以为生活中的享受应当多过于承受，只要认真努力，靠自己的双手，可以改变所有的东西。待我们真正走进生活，才发现它不是完美的乌托邦，也不是奶白色的象牙塔，意想不到的坎坷磨难，难以解释的不公平，不想面对的残缺，塞满了生活的边边角角。你愤怒、你怨恨、你逃避，终究无济于事，因为这是生活的真相，不会因为任何人而更改。我们要做的，是认清生活的真相之后，用一颗强大的心直面现实，把生命当成一场历练，享受生活所赋予的一切。

人生中最艰难的事，造就了最强大的你

刚走出校门时，她单纯得像一张白纸，头脑里勾勒出了未来的N种模样，只等着用时间这支七彩笔在上面尽情地描绘。她想象着，离开了闭塞的小镇，很快就能融入灯红酒绿、繁华喧闹的大城市，只要自己努力，偌大的城市总会有自己的立足之地。她还想象着，会在那里邂逅朋友，邂逅爱情，因为心是真诚的，就必然会吸引来同样真诚的人。

然而，现实总是喜欢叫醒那些做美梦的人。

坐了二十几个小时的火车，才踏上这座城市的土地，她就经历了一场“浩劫”。人潮拥挤的火车站，拖着大包小包行李的乘客，行色匆匆。置身于人群中，她原是那么不起眼，可在某些人眼里，她却是最显眼的对象。以至于，她刚走出车站，准备打车去投奔朋友时，就发现自己的钱包不翼而飞，羽绒服的口袋不知什么时候被人割开了一个长长的口子。钱包里，有她唯一的一

点积蓄。当朋友来车站接她时，她双眼通红，嘴角勉强挤出了一抹笑容。她只想到过大城市的繁华拥挤，却没预料到这里鱼龙混杂，有太多人为了生存而不择手段。

安定下来后，对她来说，找工作是头等大事。她曾以为，这里遍地都是机会，仰仗着自己形象好、气质佳，找个前台、文员之类的工作，应当很容易。却没想到，这样的职位是大多数年轻女孩的首选目标，而她不过是其中之一，那些竞争者中，比自己条件好的大有人在。她没什么学历，没有工作经验，英文不熟练，口才也一般，应聘了好几家公司，都没有等来入职的消息。眼看着口袋里的钱越来越少，难道真的要靠朋友救济生活吗？那样的话，自己又何必来到这座陌生的城市？

最后，为了尽快让生活步入正轨，她在出租房附近找了一份工作，给一家精品服装店做导购，底薪不高，提成却很可观。没有销售经验的她，做起这份工作来，并不那么顺利。如何给客户推荐衣服，如何给不同的人搭配建议，如何跟不同性格、不同身份的客户沟通，都得一点点地学，店主虽未直接斥责过她，可眼神里透露出的不满，让敏感的她觉得很压抑。

俗话说：人在屋檐下，不得不低头。在生存和生活的压力面前，她选择了坚持，不妥协。与人打交道的工作最难做，因为众口难调，可她也发现，接触的人越多，遇到的麻烦越多，她处理问题的能力提高得越快。渐渐地，她心里有一个想法：开一家属于自己的店铺。

对有些人来说，开个小店是轻而易举的事，甚至不屑一顾；

可对有些人来说，可能在实现这个心愿之前，要付出太多的辛苦和努力。显然，她属于后者。

要开店，得筹备启动资金，还要有经营店铺的经验。她把每个月的四天假抹掉了，为的是多卖出些东西，多赚点提成。在店里做了三年，省吃俭用，她手里已经有一点积蓄了，更重要的是，借助这个平台，她已不再是当初那个羞涩的小导购了。

开店的历程也是艰辛的。为了节省成本，一个人坐二十几个小时的火车到南方进货，在外地一待就是几天，吃不好，睡不好。进货回来后，还要加班加点地把新货整理好，经常一收拾就到了凌晨两三点。货物卖得好，感觉所有的付出都值得；货物积压，资金周转不开的时候，却是最难熬的，只得把有些服装打折处理，有时只是收回本钱。就在她的店最需要人手的时候，男友竟然狠心提出分手，移情别恋。可想而知，那种睁开眼就得忙碌，闭上眼就是眼泪的日子，对一个年轻女孩来说，是何等的煎熬。

好在，一切都过去了。现在的她，已经开了两家连锁的精品女装店，并在这个城市里有了属于自己的家。有时，她还会想起自己刚刚来到这个城市时的情景：丢了钱包，身无分文，无人问津，简直不敢想象能够有今天。但她从来没有怨恨过生活，说起曾经吃的苦、流的泪，她说："我愿意微笑着生活，在光与影交织的生命长途中，走得诗意并且坚强。"

微笑着生活，接受磨难的洗礼，这样的姿态，宛若沙漠里的依米花。生在无人问津的荒漠地带，选择磨难和等待，用十年的时间积蓄能量，穿插根茎，蓄积养分，最终吐绿惊艳沙漠，绽放出一朵四色的鲜花，娇艳欲滴的鲜花是磨难赐予它的礼物。这样的生命，多么勇敢、多么顽强、多么坚毅！

别怕磨难，正因为有了它，坎坷的人生才回味无穷，它为生命提供了不可或缺的美，让生命充满了不言而喻的想象，给生命提供了弥足珍贵的肥料。如果现在的挫折痛苦，能够带给你未来的幸福，能让你离梦想的生活更近一步，请忍受它。终有一天，它会让你的人生像依米花一样，绽放出最美的样子。

人生不会一路坦途，也不会无路可走

罗曼·罗兰曾说：“不幸不会长续不断，你要耐心忍受，或是鼓起勇气把它驱走。”

他是商界赫赫有名的青年才俊，事业上颇有成就，家庭也算幸福美满。只是，商场如战场，就连他自己也没料到，向来谨慎小心的他，竟然在生意上出现了巨大的亏损。根据合同的规定，他不仅拿不到应得的款项，反而还要赔偿合作方一大笔钱。

原本无忧的日子，瞬间成了另一种局面：多年的打拼付之东流，家里债台高筑，每天都提心吊胆地过日子，一个债主还未离开，另一个债主又登门。妻子一度崩溃，神经衰弱，他本人也愁眉不展，痛不欲生。追债的人络绎不绝，一时间他又想不出什么解决的办法，对追债的恐惧和对家人的愧疚，不禁让他萌生了轻生的念头。

他想，既无路可走，不如眼睛一闭，一了百了吧！他背着家人去了河边，没想到刚跳进河里就被好心人救了起来。呛了几口水的他，醒来后大哭，埋怨好心人多管闲事。看者觉得他不明事理，纷纷指责他是神经病，不可理喻。

他一个人静坐在河边，觉得天意真是弄人，想死却不成全自己，满腹懊丧。这时，他突然想起自己的一位老朋友，对方参禅信佛多年，一向深居简出，为人淡泊。他想，也许老朋友能够给自己指点迷津。

当他把自己遭遇的一切告诉老朋友时，老朋友不紧不慢地说："走吧，我们一块儿去散散步。"他心有不悦，自己都已经无路可走了，痛苦不堪，对方竟没有一句安慰的话，还提出要去散步，不帮忙的话就直说，何必如此呢？尽管他心里充满疑虑，可还是亦步亦趋跟着老朋友走出了房门。

不得不说，老朋友居住的地方真的很清静。曲径通幽，两边是参天的古树，风景很好。老朋友的心情似乎不错，尽情地享受着眼前的一切。走了一段路之后，老朋友突然停下脚步，指着路的一端问他："你看，这条路是不是已经走到了尽头？"他一看，果然，前方就是百米悬崖，再往前走显然就是尽头了。他点点头，说："没错，咱们回去吧！"

老朋友没有多说什么，只是继续慢慢地往前走。到了路的尽头，停下来，悠悠地说："看来，咱们还能再散一会儿步，"老朋友一边说，一边指着旁边的岔路，"你看旁边这条路，不是一样可以走吗？"他若有所思，片刻之后说道："是啊，看似无路，其实有路。"

老朋友哈哈一笑，意味深长地说："你不是挺明白的吗？很多时候，我们都以为临近尽头，无路可走，其实继续往前走，路总会有的。"老朋友的一番话，让他如梦初醒，心里的愁云顿时散去了不少，并露出了久违的微笑。

临别时，他握着老朋友的手，说："谢谢你！等我的好消息。"此后，他重拾信心，想方设法，砥砺奋进。因为平日里为人慷慨，待人真诚，他开口向一些商界的朋友求援，别人也都乐意帮忙。很快，他就走出了困境，东山再起。

也许你会说，此般人与事离自己太过遥远，毕竟我们只是普通人。确实，商业才俊、明星名人的人生历程，不是常人能够理解和体会的，他经历的是商场的惊涛骇浪，而你经历的是纷杂的柴米油盐，我们永远不能说谁比谁更坚强，因为每个人的心理承受力不同，每个人的人生经历也不同。但无论是谁，经历的是惊涛骇浪，还是波光涟漪，只要能够从容地面对，让自己像一堵坚实的墙，挡得住风霜雪雨；像寒冬中的梅花，散发出严寒之后倔强凛冽的香，那"他"就是强者。

考研失败后，琳琳的内心几近崩溃，虽在人前还是一副云淡风轻的模样，可内心的焦虑失落，却无时无刻不在啃噬着她的灵魂。

当初决定考研，完全是因为前男友。和平分手后，前男友很快又有了新女友，对方恰恰是琳琳最为欣赏的女孩，名校经济系研究生，家世不错，人亦娴静。被这样一个姑娘比了下去，琳琳的自尊心大受打击。这让她原本动摇的考研念头顿时变得坚定无比。备考的日子里，她过得很煎熬。心里明明百转千绕，却还逼着自己在图书馆里坐硬板凳。坦白说，书并没有读进去多少，满脑子想的都是自己失去的自尊。

心有旁骛的她，初试自然分数不佳，好歹命运眷顾，最终幸运地上了复试线。考研对琳琳来说，本就是赌气，对所选的金融专业，并没有多大兴趣。本该好好准备复试的日子，她却四处奔波，还跑到上海的一家国企去面试了。结果，自然就像她所预料的那般，复试惨不忍睹。可出乎她预料的是，复试结束后不久，上海那家国企竟然录用了她。

就职一年后，她已在单位里如鱼得水，找到了自己的平台和方向。回想起考研的那段经历，她充满感叹：原本最想要到达的地方，最后成了驿站；原本只想暂且一试，最后竟成了归宿。曾以为的失败，却成全了另一个开始；曾以为的勉强，却给了自己不曾有过的一片天地。现在想来，一切都是最好的安排。

确实，人生没有绝境，即便到了山穷水尽、无路可走时，只要不妄自菲薄、坚定信念、坚持不懈，就一定能赢得光明的未来。不管黑夜多么漫长，朝阳总会冉冉升起，不管风雷怎样肆虐，春风终会缓缓吹拂。

想成为强者，先把自己拉出舒适区

一条小河从遥远的高山上流下来，途经村庄与森林，最终来到了沙漠，它骄傲地想："我已经越过了重重障碍，这次也应该可以穿过沙漠。"然而，正当它决定穿越沙漠的时候，河水却渐渐地消失在泥沙中。它鼓起勇气，试了一次又一次，终是徒劳无功。它彻底沮丧了，颓废地说道："或许，这就是我的命运吧！我永远都到不了传说中那个浩瀚的大海。"

这时，一个低沉的声音传来："如果微风可以穿越沙漠，那么河流也可以。"原来，沙漠见小河在此愁眉不展，特给予它一些宽慰。

小河不服气地说："微风可以飞过沙漠，我又不会飞，怎么跨越得过去呢？"

"你当然可以，就看你愿不愿意那么做了。"沙漠说。

"有什么办法？你说来听听。"小河疑惑地问。

“你可以放弃现在的样子，蒸发到微风中，让它带着你飞过沙漠，抵达大海。”沙漠说。

“放弃我现在的样子，蒸发到微风中？不，这听起来太可怕了，简直就是自我毁灭。”小河听到沙漠的建议，惊恐不已。

“微风可以把水汽包含在它之中，然后飘过沙漠。到了适当的地方，它就会把水汽释放出来，而后成为雨水，雨水汇聚成河，继续向前进。”沙漠给小河耐心地解释。

“那，我还是原来的我吗？”小河问道。

“可以说是，也可以说不是。无论你是河流还是水蒸气，你的本质都没有改变。你之所以害怕改变，坚信自己是一条河流，只是因为你从来都不知道自己的本质。”沙漠说。

小河沉默了，它隐隐约约地想起，自己在成为河流之前，似乎也是被微风带着，飞到某座高山的半山腰，突然变成雨水落下，才成了今天的河流。想到这，它便不再害怕，不再留恋，果断地化成水蒸气，投入微风的怀抱，奔向它心中最期待的归宿。

记得《谁动了我的奶酪》中有这样一段话：“每个人的内心都有自己想要的‘奶酪’，我们追寻它，想要得到它，因为我们相信，它会带给我们幸福和快乐。而一旦我们得到了自己梦寐以求的奶酪，又常常会对它产生依赖心理，甚至成为它的附庸；这时，如果我们忽然失去了它，或者它被人拿走了，我们将会因此而受到极大的伤害。”

其实，“奶酪”不过是一个比喻，它代表我们最想要的那些东西，如工作、金钱、爱情、健康、幸福等。身处多变的社会中，我们时常会感觉自己的“奶酪”在变化，强烈的外在变化和内心的冲突相互作用，偶尔也会让自己觉得茫然无措，对新生活无所适从。面对突如其来的变化，大多数人都如同那条小河，眷恋着眼前的形态，担心“失去”，舍不得离开舒适区，畏惧着未知的改变。

心理课上，教授在黑板上画了一幅画：一个圆圈，中间站着一个人。接着，他在圆圈里面写上了房子、车子、工作、朋友等字，说道：“这是你的舒适区，圆圈里面的东西对你来说，至关重要。在这个圆圈里，你会感觉到安全、舒适，没有争端和危险。现在，谁能告诉我，当你跨出这个圈子后，会怎么样？”

台下寂静无声，学生们若有所思。片刻后，一位学生说：“会感到恐惧，会害怕出错。”

教授听到这个回答后，接着问道：“如果你犯错了，会怎么样？”

学生答：“从中学到一些东西。”

教授笑了，说：“对！当你从舒适区走出来后，你会发现以前不知道的东西，会增长自己的见识，让眼界更开阔，生命更丰厚。”接着，教授转向黑板，在原来那个圆圈之外画了一个更大的圆圈，并加入一些新的东西，如更多的朋友、更大的房子、更好的工作机会，等等，而后解释道，“如果你总是停留在舒适区，你就永远无法超越现在，只有勇敢地迈出舒适区，去承受一些改变的不适和痛苦，才能使人生的圆圈变大，把自己塑造成更优秀的人。”

停留在舒适区，无疑是安全的、是轻松的。只要留在那里，便能驾轻就熟地维持现状，不会犯错，亦不会出丑，因为那是一个已知的领域，一切都是我们所熟悉和擅长的，而且这个世界上数以百万计的人都这样生活着。唯一遗憾的是，在舒适区里，只限于重复过去所做的事，不会有太大的改变。

当然，倘若一生都能够维持现状，那也算是安逸的幸福了。只可惜，在这个广袤的世界上，没有一成不变的环境和事物，你畏惧改变，不代表周围的一切都会如你所愿。当外界的环境骤然起变时，你若还停留在原地，可能会让生活变得更糟。很有可能，到了那个时候，已经安逸惯了的你，更没有勇气去改变了。与其被迫着陷入窘境，不如主动去冒险，随时随地提醒自己转换生活方式、生存角色、生存意识。

有人说过，世上只有两种人，一种是强者，一种是弱者。你若想成为强者，就得承受改变的不适；你若甘心当弱者，就给自己找舒适。当然，你不必也不可能马上就从“弱者”变成“强者”，但你一定要去尝试和体验，从小事开始，慢慢地让自己从舒适区走出来。你要相信，勇气和时间，终会让你成为更好的自己。

争论是一种没有赢家的奇怪游戏

不谙世事的年纪，骄傲气盛不服输，遇到不公平的事，遇到无法接受的人，遇到与自己相悖的观点，总会忍不住与人争论，试图在争论中改变别人的主意，证明自己是对的。可争来争去，不过是凭空生一肚子气，弄得彼此不欢而散，什么也改变不了。

若说懵懂无知，如此做法也无可厚非。只是，人不可能永远不成长，时间和阅历慢慢会告诉你一个真相：世上没有绝对的是与非，社会也不是一个可以随意任性的地方，太过较真就是愚蠢，太过计较还会让自己失去自尊，被人指责为缺乏教养。争论，永远改变不了谁，愤怒地指责也不会让对方信服于你。相反，声嘶力竭的争论，反倒会让你丢掉自尊。对不友好的人，闭紧嘴巴、收起多余的话，给他一个微笑，就能让他为自己的狭隘而无地自容。

你要记住一句话：天底下只有一种能在争论中获胜的方式，那就是避免争论。要是输了，你就是输了；要是赢了，实际上你还是输了。因为你的胜利，让对方的观点被攻击得千疮百孔，证明他一无是处。看到对方自惭形秽、被伤自尊的样子，你就真的心安理得吗？对方表面上输了，可他心里真的信服吗？也许，更多的是怨恨。

曾经看过这样一个故事。

有个名叫欧·哈里的年轻人，受的教育不多，又特别爱抬杠。他给别人做过司机，后来因为推销卡车不成功来求助经理。经理提了几个简单的问题之后，发现他有个“毛病”，总喜欢跟人争论。如果对方挑剔他的车子，他立刻面红耳赤地跟人争辩。

欧·哈里承认，他在口头上赢了不少争辩，可没能赢得顾客。每次从客户的办公室里走出来时，他都在想：我总算整了他一场。可是得意之后，他又开始懊恼，自己整了对方，可什么也没卖出去。

经理觉得，欧·哈里迫切需要解决的问题不是怎么说话，而是如何控制自己，避免口角。为此，他们来了一次“角色对调”，经理来扮演推销员，欧·哈里扮演难缠的客户。

经理开口向欧·哈里介绍他们的怀德卡车，欧·哈里和那些拒绝过他的客户一样，张口就说：“什么？怀德卡车？不好，不好！你送给我我都不要，我只要何赛的卡车。”每次听到客户说这样的话，他都是气得脸一阵红、一阵白，接着给客户说一堆何塞车的各种毛病，可他越说何赛车不好，客户就越说它好。接下来，两个人就陷入争辩的僵局中，最后闹得不欢而散。

欧·哈里等着经理做出和自己一样的反应，却没想到经理竟然说："老兄，你眼光不错。何赛的车确实不错，是优良产品，买他们的车错不了。"

欧·哈里突然觉得自己无话可说了，没有抬杠的余地。对方竟然同意了自己说的话，那还能说什么呢？这时，经理又开口说："不过，怀德车的性能也不错，它跟何赛相比，也有不少的优点……"

这次，欧·哈里终于明白了。如果客户说何赛的车最好，你说没错，那么客户就只有住嘴了。他不可能在你同意了他的看法之后，还继续说何赛的车如何如何好。接下来，你就可以不再谈论何赛，而介绍怀德了。

那天，经理无疑给他上了最生动的一课。后来，欧·哈里一改往日的习惯，促成了不少生意，最终他成了一名金牌销售员。他坦言："以前我花了不少时间在抬杠上，现在我守口如瓶，不管对谁，都不喜欢争论了，感觉没有意义。因为想在争论中改变别人的主意，肯定是徒劳。我顺着他们的意思说，认可他们的观点，或者保持沉默，反倒让很多人对我产生了好感。"

你不妨也来衡量一下：是愿意要表面上的胜利，还是要别人对你的好感？是愿意给人一种咄咄逼人的印象，还是希望别人感受到你的宽厚大度？相信，任何一个成熟理智的人，都会选择后者。

不管是顾客、朋友、丈夫还是妻子，如果他们因为琐事与你争论，那就让他们赢过自己吧！有句话说得好："恨不消恨，端赖爱止。"强硬的争辩消除不了误会，唯有靠技巧、协调、宽容和同情，才能消除分歧。更何况，人生还有许多重要的事等着你去做，任何决心有所成就的人，都不会在私人争执上消耗时间，这是对生命最大的浪费。

世上根本没有那条“更好的路”

“等等看，或许还有更好的机会”“等等看，或许还有更合适的人”……这样的话，听起来很熟悉，对吗？是不是也曾无意间从你口中说出过？

没错！我们都习惯等待合适和最好，却又在等待里蹉跎岁月、坐失良机，踟蹰了追求幸福和成功的脚步。等待“最好”，其实就是人生的一种虚幻。

“明日复明日，明日何其多；我生待明日，万事成蹉跎。”这首《明日歌》是对等待的一种讽刺和鞭笞。等待从某种程度上讲，其实就是一种寄命于天的懒惰；而等待也是一种更加彻底的自我疏管和自我放纵。

1921年6月2日，是电报诞生25周年纪念日。在这样的纪念日里，美国的各大媒体都给予了一定关注，其中《纽约时报》还专门就电报这一信息革命般的发明，刊登了一篇评论。在这篇评论里，提到了这样一个极具商业价值的信息：当下，人们每年接收的信息量比25年前翻了近5番。

对于这样一个具有很高商业价值的信息，当时的美国社会中，至少有十几个人对此信息做出了商业反应——创办一份文摘性质的刊物，方便人们从浩如烟海的信息中，最高效率获得自己最想要知道的信息。在这十几个人当中，有事务所的律师、有创作文学的作家、有报社的编辑、有电视台的知名记者，甚至还有瑟·麦卡锡国会议员，他们都认识到了这种刊物的广阔市场前景。于是，在不到3个月的时间内，他们中的大多数人都向银行存了500美元的法定出刊资本金，并领取了创刊的营业执照。然而，就在他们到邮局部门办理相关发行手续时，却被告知：他们公司暂时不代理这类刊物的征订和发行工作，如果真的需要他们代理，那至少要等到第二年中期的大选过后。

收到邮局部门的这一答复后，绝大多数人为了免交执业税，都向管理部门提交了暂缓执业的书面申请。在这些人当中，只有一位名叫德威特·华莱士的年轻人没有被邮局部门的推辞束缚住手脚，他在自己当时的暂住地——纽约格林威治村的一个储藏室里，与他的未婚妻一起辛苦地糊了两千余个信封，并且装上征订单通过邮局寄了出去。

正是这两千余封信，创造了世界出版史上的一个奇迹。截至2002年6月30日，德威特·华莱士与家人一同创办的这份刊物——《读者文摘》已经拥有了19种文字、48种版本，发行范围也覆盖一百余个国家和地区，订阅人群突破1亿，年收入也高达5亿美元。

面对稍纵即逝的商业机遇，很多人都在等，等那个最适合的时机出现。其实，在这段等待“最好”的时间里，就已经毅然决然，并且茫然不知地把商业机遇拱手让人了。而德威特·华莱士正是利用了其他竞争者等待“最好”的这个间隙，迅速成长起来，最终成为业界霸主，登临了事业上“一览众山小”的巅峰。

等待“最好”让人生一事无成，也会让人错失幸福。在情感路上，很多人都揣着一份“白马王子”或“白雪公主”的条件单，可是挑来拣去，往往发现别人不是这不行就是那不好。

古希腊的哲学大师苏格拉底曾经有过这样的教学经历：他的三个弟子向他求教，想要知道如何才能寻找到自己理想的人生伴侣。苏格拉底并没有从正面给予回答，而是将他们带到了田间地头，当时正值庄稼成熟时节，庄稼的穗都已经饱满了。

看着田间的庄稼，苏格拉底让三个弟子轮流自选一垅庄稼地，只需向前走，不能向后退，直到走到地头为止。在这个过程中，他们的任务是必须选摘一个他们心中最大最好的穗回来，整个行进途中只能有一次折穗的机会，不可以见了大的扔了小的重折。商定好规则以后，苏格拉底就先让一位弟子去摘穗子了。

第一个弟子选了一垅地，开始向前走。刚走没几步，他就兴奋地发现了一个又大又漂亮的穗子，于是毫不犹豫地摘了下来。他继续向前走去，但在剩下的过程中，他发现居然有好多比他手中的穗更大更漂亮的穗，但是根据规则，他已经没有机会重新选择了，所以只能充满遗憾地走完了全程。

第二个弟子也选了一垅地开始向前走。他吸取了第一个弟子的教训，每当他看到一个心仪的穗子想要下手去摘时，总要提醒一下自己，也许后面还有更好的，不可轻举妄动。一直走到终点的时候，他才发现自己居然错过了许多又大又好的穗子，无奈之下，只能勉强摘了一个差强人意的穗子回来了。

第三个弟子聪明地吸取了前边两个弟子的教训。他边走边认真观察着田里的穗子，在他走完全程的三分之一时，他就把穗子大概分出了大中小三类；第二个三分之一的行程里，他验证了所分三类的正确性；走到第三个三分之一时，他选择了分类中大类的一个美丽的穗子。虽然，这个穗子也并非是田里最大最好的一个，但是对自己来说，这已经让他心满意足了。

等待“最好”，无法登临事业的巅峰；等待“最好”，也等不来幸福人生，盲目等待“最好”终究会竹篮打水一场空。人生是由无数道选择题构成的试卷，在选择时不要等到机会即将逝去时才慌乱地做决定，更不要一味坚守着所谓的“最好”，蹉跎时间。事实上，好与不好，都只是自己的想法，如果你内心认定了一件事、一个人，努力争取到了，那么它就是“最好”，因为那是你拥有的。

就连上帝也喜欢直面现实的勇士

两个年龄相近、兴趣相投的女孩，很容易成为朋友，简宁和莫凡，就是这样一对闺蜜。

在菁菁校园里建立的友情，往往是最纯粹干净的，它无关家世、无关物质，只关乎两颗真诚的心。简宁和莫凡，从高中时起就是无话不说的朋友，这份友情一直持续到现在，两个人都已大学毕业，参加工作，彼此间的关系从未疏远。

不知情的人，总会把她们当成姐妹。每次被人这样说的时候，两个人都相视一笑。其实，除了外表看上去像姐妹以外，简宁和莫凡，可以说是生活在两个世界的人。

读高中时，简宁的妈妈因为癌症去世。家境本就不富裕，给母亲治病又欠了不少外债，只能靠父亲那点有数的工资维持生活，而父亲的身体也不好，这些年因为妈妈的病，焦虑加辛苦，几度因为血压高而住院。为了减轻父亲的负担，简宁忍痛放弃了自己的理想院校。喜欢画画的她，曾坚持要上美院，可最后她却报考了师范大学，理由很简单，学美术的费用太高，她心疼父亲。

大学的时光是美妙的，对绝大多数女孩来说，不紧不慢的生活节奏，轻松自在的校园环境，有大把的时间读想读的书，看爱看的电影，谈一场纯粹的恋爱……然而，对简宁来说，这一切有点太过奢侈。除了上课，她把一半的时间用在了打工上，另一半的时间则用打工赚来的钱继续自己的画画生涯。尽管现实残酷，但她不愿让梦想搁浅。

相比之下，莫凡的人生，似乎顺利而轻松得多。

她从没有为钱发过愁，读高中时，父母就已经给她准备好出国留学的费用了，至于想去哪所大学，完全看她自己的喜好和能力。她突发奇想，想学钢琴，第二天钢琴老师就被请到家；她想去旅行，只要有时间，选好线路，拿起银行卡就能出发。

和简宁相比，她有更多的时间和能力去享受生活，去接触新鲜的事物，去领略世界的美好风情。她曾试图在经济上帮助简宁，可惜遭到了简宁的拒绝，尽管那时的简宁不过是20岁左右的女孩，可她却说，不想从现在起就习惯把生活寄托于他人的帮忙，再苦再难，她也要撑起自己的天。

莫凡曾问过简宁："你有没有怨恨过生活的不公，过早地让你承受了这么多？"

简宁一笑，说："不恨，我早就知道，人生是不公平的。有人出身豪门，有人生来就被遗弃；有人花容月貌，有人无颜东施；有人平步青云，有人怀才不遇；有人富二代，有人穷二代；有人脑满肠肥，有人饥肠辘辘；有人住豪华别墅，有人一生辛苦买不起房……可不管怎样，都得有直面现实的勇气。”

之后，简宁进入一所中学做教师，同时给一家设计公司兼职做插画师。莫凡去了英国留学，攻读工商管理，回国后到父亲的公司里帮忙。时间如梭，一晃几年过去了，当两个人再度相见，在咖啡厅里品尝着拿铁与摩卡时，莫凡看着简宁，会心一笑，什么也没说，心中却为她的生活和状态感到欣慰和骄傲。因为，命运不曾打倒这个看起来瘦弱娇柔的女孩，在生活面前，她是一个敢于承认现实的不公平，把不公平变成努力奋斗的动力，给自己改变现状的勇士。她，比许多人都要勇敢，都要坚强。

记得有位哲人说过，如果要绝对的公平，一分钟都不能生存。这话听起来似乎有点残忍，却是不争的事实。理想国只存在于幻想，世界从来都不是根据公平原则创造的，只要看看大自然你就会明白：豹吃狼、狼吃獾、獾吃鼠，对于这些生命受到威胁的“弱者”来说，这是不公平的，强者生存，弱者灭亡，优胜劣汰；飓风、海啸、地震，对所有生命而言，有时自然灾害的力量强大到无从抵抗，这也是不公平的。

当生活让你哭笑不得的时候，你抱怨、你沮丧、你痛苦、你怨恨，终究无济于事。你若天真地认为生活“应该”是公平的，那只能说明，在潜意识里，你是在逃避，不敢直面现实。

面对不公平，要么通过自己的努力来求得公平，要么改变衡量公平的标准，不要事事都拿着一把公平的尺子去衡量，那只是跟自己过不去。有些东西，生来就是注定的，在无法改变现实时，试着改变比较的标准，在心理上消除不公平。

生活对每个人的待遇都存在着偏心，它并不如想象中那么美好。然而，当你愿意接受现实残酷的一面，逆流而上时，生活也不会忘了眷顾你。要知道，就连上帝也喜欢直面现实的勇士。

不必卑微，蔷薇常在荆棘中生长

诗人萨迪说："假如你的品德十分高尚，莫为出身低微而悲伤，蔷薇常在荆棘中生长。"

13岁那年，因为家境贫寒负担不起学费，他噙着眼泪告别了校园，到亲戚开的肉铺去帮忙，贴补家用。三年后，他成了一名全职的屠夫。最初的那份失落和悲伤，已经从他的神情中彻底褪去，取而代之的是一份乐观。他总是一边割着肉，一边唱着歌，还调侃着说："我的工作，就是用刀尖跳舞。"

某日，一位老顾客打来电话，说家里来了客人，要他送一些牛排过去。挂了电话后，他笑了笑，脑海里浮现出这位老顾客的模样：身材瘦高，留着杂乱的大胡子，看起来放荡不羁。可当他走进这位老顾客的家时，他顿时惊呆了：屋子里挂满了以海洋为主题的画，每一幅都精美绝伦。没想到，这个其貌不扬的大胡子男人，竟然是一位海洋画家。他被屋子里的画吸引了，直到画家笑着把钞票递给他，他才恋恋不舍地离开。

从那天开始，他像着了魔一样，疯狂地迷恋上了海洋画。

再次在肉铺见到画家时，他鼓足了勇气，结结巴巴地提出了一个请求："先生，我……我想跟您学画画……"画家看着他窘迫的样子，耸了耸肩，什么也没说，径直走开了。

他不甘心就这样放弃。之后，每天离开肉铺后，他都换上一身干净的衣服，站在画家的家门口等候。只要看到画家出来，他就立刻走上前去，恭恭敬敬地说："老师，您好！有什么需要帮忙的吗？"不过，画家对他的态度一直很平淡。

直到有一天黄昏，他像往常一样来到画家的家门口，不料天公不作美，竟下起了大雨。他在屋檐下躲雨时，门突然开了，画家在雨中张望，看上去神情有些焦急。他急忙上前去询问，画家沮丧地说："我今天必须要完成一幅画，可是家里的颜料用完了……"

"您等着，我这就去买！"他问明了情况后，一头就扎进了雨里。他冒雨穿过一条又一条街道，冻得瑟瑟发抖。两个小时后，他终于买到了画家需要的颜料。等他回到画家的家时，他整个人已经成了"落汤鸡"，可颜料却用塑料袋包得严严实实，完好无损。

画家被他的真挚和执着打动了，紧接着拿出了一幅空白的水彩画，让他试着填色。令人意外的是，仅用了20分钟，他就靠着直觉填出了一幅美丽的池塘垂钓图。对于他与生俱来的天赋和敏感，画家为之一震，当即决定收下他。

从此，他的生活变得像盒子里的颜料那般——五彩缤纷。清晨，他7点钟赶到肉铺上班，下班后到画家的家里学习3个小时，再匆匆地赶回自己家，画到凌晨3点钟才休息。

天道酬勤。半年后，他的画技大有长进。一次，在老师的鼓励下，他抱着试试看的态度，鼓起勇气把自己的一幅作品挂到了肉铺里。让他惊讶的是，很快就有顾客说喜欢这幅画，愿意花70英镑买下。此后，来肉铺里找他买画的人，络绎不绝。

第一次尝试出售自己的作品就如此成功，这让他喜出望外，信心大增。终于，他下定决心辞去屠夫的工作，专心作画。为了提高画艺，他找了大量20世纪初期的帆船照片，每天仔细地揣摩。随着技艺越来越娴熟，全球各大画廊都渐渐知晓了他的作品和名字，不远千里慕名而来的经纪人，也是大有人在，他们纷纷出高价收购他的作品。

他不再是过去的穷小子了。卖画得来的收入，给了他物质上的支持和更加广阔的发展空间。他多次出海航行，亲自领略大海上的奇观妙境，绘画的技巧也在精益求精。2009年，他描绘了一幅1893年美国罗德岛帆船赛的油画，这幅画在举世闻名的纽约克里斯蒂拍卖行以18750美元的高价成交。

他，就是来自英格兰约克郡赫尔市的理查德·弗思。他的名字逐渐享誉世界，而他的画作身价也水涨船高，每幅画都能达到4万英镑（约合人民币40万元）的价格。业界对他的赞誉很高，长期从事海洋画买卖的艺术经纪人詹姆斯·斯塔基这样感叹道：“他是个奇迹，是个天才，现在早已被公认为海洋画领域全球顶尖的画家之一。”

卑微的出身，是理查德·弗思改变不了的现实。然而，从一个贫困家庭的孩子，到一个“用刀尖跳舞”的屠夫，再到一个举世闻名的画家，这一切都不是出身可以决定的。凭借着对绘画的满腔热情，还有那份执着的精神，他用亲身的经历为世人演绎了一个华丽转身的传奇。

别再为了自己卑微的出身而抬不起头，也别徒劳地站在原地哀叹和抱怨，没有骄人的家庭背景、没有雄厚的资金、没有丰富的人脉资源……这并不意味着你不能成功。现在的强者，何尝不是曾经的弱者？只要循着理想的方向，付出努力和汗水，你终究会找到属于你的那片天。

希望是自己内心开的一朵花

1947年，美国缅因州的年轻的银行家安迪被指控枪杀了妻子与她的情夫，被判终身监禁，从此开始了在肖申克监狱里的生活。他的确是蒙冤入狱的，可无奈的是，监狱里的每个人都说自己是“被冤枉的”。在那样的环境里，你的解释、你的无辜，都显得苍白而可笑。

初进监狱的安迪，沉默不语，只是静静地观察着监狱里的一切，眼睛里闪烁着睿智的光芒。他究竟在想什么？是麻木，还是自闭，或是其他的什么？没有人知道答案。

瑞德，肖申克监狱里的一位“权威人物”，因谋杀罪被判终身监禁，已服刑20年，屡次假释都未获批准。他可以为囚犯们弄来香烟、糖果、酒，甚至是大麻。他盯上了安迪，安迪也注意到了他。之后，安迪托他给自己弄到了一把岩石锤，还有一张丽塔·海华丝的性感海报。自那以后，他每天在操场上，不经意地捡、扔石子，用雕刻石头来消磨监狱里的时光。

偶然的一次，安迪和瑞德还有其他几名犯人外出劳动，无意间听到监狱官说起纳税一事。安迪说他有办法帮他们避税，条件是给他还有一起干活的犯人每人三瓶啤酒。最终，安迪“赢”了，大伙儿喝着免费的啤酒，感受到久违的快乐。瑞德也在其中，他没多想，以为安迪只是想借用这个空闲享受短暂的自由。

随后，安迪被派到监狱的图书馆做管理员。六年后，他开始帮道貌岸然的典狱长洗黑钱，并为监狱其他狱警处理涉及经济和税务方面所需要的文件。他的日子比从前好过多了，所有人都以为安迪会一直这样做下去，直到那个叫汤米的小伙子入狱。

汤米是个聪明的年轻人，安迪看好他，并教他知识，希望他出狱后能用正当手段谋生。汤米从前在另一个监狱待过，当时从同牢房的一个犯人口中得知了安迪的妻子和她情人的死亡真相。他把这一切告诉了典狱长，希望典狱长为安迪翻案。结果，典狱长杀了汤米。

安迪得知真相后，决定实施自己的计划。行动前，他在高墙里和瑞德说：“我希望去墨西哥的一个小岛；我希望去太平洋，用墨西哥语说，那里叫作‘失去记忆的地方’；我希望有一个小旅馆；我希望有几只废弃的小船，然后自己动手把它修好，带着我的客人去海上钓鱼……”瑞德以为安迪是在幻想，却不曾想，安迪花了19年的时间，用那把岩石锤凿出了一个通道。

在一个风雨交加的夜晚，安迪爬过凿穿的墙壁，爬过450米的恶臭水道，爬向了自由的那片天。获得自由的安迪，揭发了典狱长的恶行，并利用典狱长贪污受贿的钱在太平洋买了一座小岛。

安迪给瑞德留下了一封信和一叠钱，他在信里写道："这个世界穿透一切高墙的东西，它就在我们的内心深处，它无法达到，也接触不到，那就是希望。"最终，瑞德受到鼓舞，获得了假释，并克服了心理障碍。在一个阳光明媚的日子里，两位老友在太平洋那座自由的小岛上重逢。

这是电影《肖申克的救赎》里的情节。如果说，虚构的电影无法令你动容，那么另一个关于希望的故事，一定能触动你的灵魂。

1942年9月，维也纳知名精神病学家维克托·弗兰克尔被逮捕，与妻子和父母一同被遣送到一个纳粹集中营。他没有犯什么罪，只因他是犹太人。三年后，他所在的集中营获救，但此时，他怀孕的妻子以及大多数家人都已离世，只剩他一个人活了下来。

在集中营的日子里，亲眼目睹至亲至爱的人离开，可他却始终没有放弃对生存、对自由的渴望。他每天都坚持刮胡子，无论身体多么虚弱，哪怕是用一片玻璃刀当作剃刀，他也坚持这样做。因为，刮了胡子就让自己看起来脸色红润，健康状况不错，从而避免在列队检查时被认为身体欠佳，而送进毒气房。然而，集中营每天只给两片面包和三碗稀麦片粥，他的身体还是在日趋衰弱，并要忍受超负荷的劳动——经常夜里三点就被叫起来去工作。

维克托·弗兰克尔无时无刻不在想逃离的办法。同伴们得知他的想法后，都嘲笑他痴人说梦，来到这个地方就没有人想过能活着出去。既然来了，就安心地干活吧，这样兴许还能多活几天。弗兰克尔不相信自己会在这里死去，他发誓一定要活着出去。

机会，终于来了。一次野外干活时，弗兰克尔看到不远处有一堆赤裸的死尸，他在这些死人的身上，看到了生的希望。趁着黄昏收工的时候，他钻到了大卡车底下，把衣服脱光，趁人不注意时悄悄地爬到了那堆死尸上。尸体散发着令人作呕的气息，蚊虫的叮咬也令人烦不胜烦，他咬着牙忍受着。直到深夜，他确定周围没有人了，才爬起来光着身子一口气跑了70公里。

弗兰克尔真的逃了出来，简直成了奇迹。后来，他对人们说："在任何特定的环境中，人们还有一种最后的自由，就是选择自己的态度。"

我们总以为世间有些路是无法走通的，那便是所谓的绝路。可事实上，我们脚下密布的道路，有多少是真正的无路可走呢？恰恰是绝望，封闭了本来通往远方的路。希望，是自己内心开出的一朵花。你要相信，无论多远的路，都能走到尽头；无论多深的痛苦，也会有结束的一天。怀揣着希望与梦想，在每一个痛并快乐、平凡而不平淡的日子里，走得更加坚强，笑得更加灿烂。只要你不放弃，就没有什么能让你退缩，没有什么能把你打垮的。

接受现实，别再沉迷于假想了

一位已婚女人在论坛上声称严重缺乏安全感，觉得婚姻生活是一种负担，想要离婚。提及原因，则是丈夫缺乏责任心。上有老下有小的丈夫，终日沉迷于游戏，不务正业，完全像一个没有自控力、没有生活规划的少年。

女人说，她的丈夫从大学时代起就玩网游，为了游戏差点毕不了业，工作之后也没戒掉网瘾，每天下班除了吃饭就是打游戏，甚至玩到深夜，第二天上班脑子也是昏昏沉沉。后来，公司裁员，他不幸失业，自那以后就没再出去找工作，完全成了“专职玩家”。

可想而知，一家人的生活开销，照顾孩子的重任，全都落到了女人一个人肩上，她的压力该有多大？她也尝试过劝丈夫少玩游戏，出去找找工作，可终是徒劳。在他失业11个月后，她终于不堪忍受，单方起诉离婚。

一个人无论到什么样的年纪，都可以有自己的爱好，但一定要分清楚轻重。思想还未成熟时，人的克制力往往不强。一个成了家的男人，本该独当一面，为父母、妻儿撑起一片天，假如不懂得克制自己，随心所欲，把大量的时间和精力花费在影响生活的爱好上，未免有点太“过”了。

很多人不禁会问：游戏有什么好玩的？为什么这么多人为之痴迷？其实，游戏就是一个假想的世界，那些沉迷于假想世界中的人，往往都是在现实中失去生存勇气的人。

李雷是庞大的剩男群体中的一分子，他性格内向，平时不爱说话，可一坐在电脑前，整个人就不一样了。在玩游戏时如果有人打扰他，他马上就会发火。他现在的生物钟是完全颠倒的，白天睡觉，傍晚起来吃东西，到网络世界里做英雄。

李雷从来不知道什么叫幸福。他家境不错，父亲算得上是一个成功的商人，非常自负。李雷出生时身体虚弱，一点点小事就会大哭不止。每当这时，父亲就会忧虑——男子汉大丈夫，这样如何是好？他希望儿子变得坚强，所以从来不去抱李雷。李雷的成绩只要稍微下滑，父亲就会大发雷霆；李雷只要一掉眼泪，父亲就要打他。母亲性格软弱，生活上一直依赖丈夫，根本不敢在教育孩子的问题上跟丈夫争执。所以，每到父亲快回家时，李雷就会不自主地紧张起来。在学校里，他也害怕跟人接触，朋友很少，一直很孤单。

上高中时，李雷迷上了电脑，学业也被荒废了。可不管父亲怎么大发雷霆，也无济于事。李雷觉得父亲没把自己当人看，渐渐产生了逆反心理，终日与电脑为伍，性格也变得十分暴躁。只要有人对他唠叨，他就会发火，甚至砸东西。

这样的日子，一直持续了十几年。如今，他已经29岁了，对人际交往还是心存恐惧，更别提谈女朋友了。他的思想和灵魂，只生存在网络世界里，那是他向往的梦幻岛。在网络里，他是个顶天立地的男子汉，是个受人尊敬的人物，是可以独当一面的英雄。脱离了悲惨、憋闷的现实生活，他在网络的梦幻岛中，成了无敌的“彼得·潘”。

在无法实现自己所希望的一切、无法得到温暖、无法得到安详、无法解决困境的过程中，我们会经历挫折，并在挫折中理解和接受现实。这就是成长的过程，也是人生必经的道路。但是，像李雷这样的人，始终畏惧接受现实，因而陷入假想世界和幻想中，无法自拔。这种拒绝和否定，让他内心的压力越来越大，越来越痛苦。

不要一旦遭遇悲惨和憋闷的现实，就想到逃离和回避。谁都知道，逃离到假想的世界里，会感觉“生存”得更舒服，但这终究是虚幻的，我们终究是要成长、成熟，去面对残酷的现实。

不管眼前的生活多么不堪，多么令你畏惧，都要尝试在不幸的现实中寻找快乐、幸福和微笑的理由，唯有接受了现实，勇敢地面对现实，你才可能去改变它，将它塑造成你所希望的样子。要知道，那些令人敬畏的、生活中的强者，都是这样走过来的。

第6章

有些东西早该割舍，
有些事情早该放下

都说世界险恶，唯有内心强大，才不会遍体鳞伤。究竟，怎样才算得上内心强大，称得上英勇无惧呢？自顾自省，当你不再留恋那些形式上的光环，不再需要借助外物炫耀自己的内与外，不再为了面子而不懂装懂，在任何人面前都能坦坦荡荡、不卑不亢，追求梦想能够秉承“但行好事莫问前程”的态度，遇到挫折险阻敢于筛掉残渣勇往直前时，那么你就可以毫无畏惧地面对这个世界了。

扔掉面子，承认自己“一无所知”

有个北方人，到南方去做官。初到南方，他对很多事情都是一知半解，如果虚心问问别人，其实也就解决了。可他偏偏不问，他总觉得那样显得自己太无知，很丢面子。

一次，地方上的一位乡绅请他到家中做客。席间，大家畅饮开怀，聊得甚欢。这时，仆人送上一盘菱角，他从没吃过菱角，又不好意思问。主人一再请他先尝，无奈之下，他只好拿起一只菱角，放到嘴里去嚼。主人看傻了眼，心里很诧异，连忙说道：“这菱角要剥了皮吃才好，你怎么整个丢到嘴里去嚼了呢？”他明知道自己露了怯，却一本正经地说：“刚刚到南方来，有些水土不服，连壳一起吃掉为的是清热解火。”

主人摇摇头，说：“我怎么没听说过呢？你们那边这种东西很多吗？”他答道：“多得很呐。山前山后到处都有的长呢！”主人不禁哑然失笑，谁不知道菱角是生在水里的呢？

还有一次，他跟朋友去市场闲逛，看到有人在卖姜。他没见过姜是怎么生长的，就问道："一棵树上能结多少姜？"卖姜的人和周围的人都笑了，说："姜是地里长的，怎么能是树上结的呢？"为了挽回面子，他硬是与人争论不休："你们真是笨啊！姜是树上结的，我会不知道？我们邻居家就有一棵姜树，不信你们问问去？"

他虽然嘴上这样说，可心里也发虚，因为他知道邻居家根本没有姜树，他只是以此给自己解围。朋友在一旁看得清清楚楚，也知道他是不懂装懂，便故意对大家说："他这么有学问的人，怎么会不知道姜是地里长的呢？他只是跟你们开玩笑，考考你们，看你们能不能坚持自己的见解。对的，就要坚持下去；错的，就得赶紧改正，这样才能越活越明白嘛！"听完朋友的话，他没有再吭声，脸涨得通红。

故事讲完了，可话题才刚刚开始。不知菱角水里生、姜在地里长的县官，之所以闹出笑话，都是源自那颗虚荣心，以及不懂装懂的做派。故事往往是生活的缩影，只是版本不同而已。回到现实中，我们也会常常看见一些年轻气盛的人，自己明明没有高人一等的智慧，却装出一副什么都知道的样子，在同龄人面前吹嘘不已，试图彰显自己的眼界和能力。还有不少年轻、阅历尚浅的女孩，明明不懂得欣赏音乐，却非要装出一副很有品位的样子；明明不懂艺术，看不透画者所要表达的意思，还硬要对别人的画指手画脚，胡乱评价。

事实上，这一切不过是做给别人看的。年轻人不怕一知半解、不怕一无所知，可怕的是说大话、吹牛、打肿脸充胖子，这才是最令人难以忍受的。

哲学家苏格拉底说，他唯一知道的就是他一无所知。心理学家邦雅曼·埃维特也曾说过，平时动不动就说“我知道”的人，头脑迟钝，易受约束，不善与他人交往。而那些敢于说“我不知道”的人所显示的则是一种富有想象力和创造性的精神。埃维特还说，如果我们承认对这个或那个问题也需要思索或老实地承认自己的无知，那么我们自己的生活方式就会大大地改善。

卸下那份虚荣心和高傲吧！多一份成熟和沉稳，若总是表现出一副假装的样子，往往让人贻笑大方。学会对事保持谦虚老实的态度，如果你不知道，就承认自己不知道，不必自欺欺人；如果你不了解别人所谈论的东西，那就不要开口去谈论，不懂装懂。承认自己不知道，并不意味着无能，相反这会更加受人尊重，因为它代表着一个人的谦虚态度，也传达出了他内心的从容和坦荡。

作家斯蒂芬·马洛在其作品中写过这样一段话：“我想，英语里最讨人喜欢的几个字也许是‘I don't know’(我不知道)。这句话可以作为跳板，使我感到惊奇并使你揭开对每个人来讲都会有的奥妙。”

选择继续愚蠢地不懂装懂，就像是把自己包裹起来，可实际上你就是你，无论外在的包裹如何绚丽，你依然是你，没有实质性的改变。相反，若是有勇气承认自己的不足，把这份不足坦然地表现出来，那么你将有机会从外界、从他人身上获得更多的帮助。逐渐充实自己，从不懂到真的懂，这就是自我完善的过程。

如果你内心够强大，就不要再迷恋于形式上的东西，要让自己拥有真才实学。这是你打拼未来需要的资本，也是别人无法夺走的财富。不要为了面子强装“万事通”，要知道，真正的面子是你能够拿出一份出类拔萃的人生答卷。这份答卷的内容，要你从“不知道”里面去获取，而不是从假装的“知道”中骗来的。

把自卑从你的字典里删去吧

在克里姆林宫里，曾有一位清洁工，当别人问她会不会因为身份低下而自卑时，她说："我每天的工作其实和总统的工作差不多，总统每天的工作是收拾俄罗斯，而我的工作是收拾克里姆林宫。"她的一番话，让人备感清新，令人感动，也值得深思。能出入克里姆林宫的人绝大多数都是达官显贵，而清洁工的地位与他们相比可谓天壤之别，可是她并不自卑，还幽默智慧地把自己的工作和总统的工作看得旗鼓相当，足见她心胸的豁达与坦荡。

很多人因为自卑而心生苦恼。自我否定占满了思想的弹丸之地，待人接物畏畏缩缩，不敢尝试，不敢举步向前。如果你因为长相缺陷而自卑，完全可以遍览一下当下在各个行业大有成就的人，就连靠长相吃饭的演艺界，也不乏长相平平甚至有点对不起观众的实力派；如果你因为经济拮据而自卑，不妨遍数一下那些腰缠万贯家底丰厚的成功人士，有多少个不是白手起家终成巨子的穷家孩子？如果你因为社会地位而否定自己，可以看一看种族歧视超级严重的美国白人世界里那个夹缝里异军突起的黑人总统——奥巴马。

世界太过忙碌，没有谁有工夫去拿着放大镜探照你某一方面的不足，也没有谁会对你抱有持续关注的热情，除了爱你的人、恨你的人和你自己。

对于自己和爱自己的人而言，很多时候让你自卑的因素，在他们的眼里真是小到不足挂齿：玫瑰花因为自己的枝丫上长满了尖锐的刺而自卑，但人们关注的其实只是那朵含情脉脉的花。还有的时候，让你自卑的因素恰恰成就了你在别人眼中独特的美：梅花因为万物凋敝时的烂漫怒放而自卑，人们却流连于梅花的高洁品质而争相膜拜！所以，请不要自卑，你身上的优点和优势不会因为一点点不完美而贬值。

对于恨自己的人而言，你的自卑正好成了别人不欣赏你的原因，如果能够摆脱自卑的束缚，释放自己的生命热度和色彩，用自己的成长和成功去证明自己，不失为对看自己笑话的人的狠狠一击。

封建时期的日本，等级森严，农民被视为贱民，就连出家当和尚的资格他们都无权享有。当时，在日本有一位得道高僧，名叫无三禅师。他的出身很低贱，是被社会视为贱民的农民。虽然出身不好，可他不自卑、不消沉，一心向佛，希望有朝一日能够皈依佛门。

一次机缘巧合，他假冒士族，在一座寺庙里当了和尚。修行日久，无三禅师因为德高望重，被寺里众人拥戴推举为佛寺住持。就在举行就任住持仪式那天，突然有一个人从人群里跳出来，揭露了无三禅师冒名入寺的历史真相，并且对着大殿之下的无三禅师大声嘲弄道："你区区一个农民，出身低贱，混迹于寺庙，不但不知悔过，反而敢就任住持，真是不知羞耻啊！"

在如此庄严隆重的就任仪式大典上，谁也想不到会有这种事情发生，就职仪式被此突如其来的事情打断了，大家都被突发的事件搞得不知所措。几千人的场面，安静得落发有声，大家都替无三禅师捏一把汗，暗思这样尴尬的情况，谁能平息事态呢？大家都屏住呼吸，默默关注着无三禅师。

面对如此突然的诘难，只见无三禅师站在殿上，微微颔首，从容地对着大众回答道："泥中莲花。"言罢，无三禅师的就任仪式在一片赞许的目光和声音里继续进行。

在场的人群一下沸腾了，大家都为这一句佛语而叫好鼓掌。那个发难的人也自知无趣，心里也暗暗对无三禅师的深湛佛法佩服得五体投地。

自卑其实只源自于内心的脆弱，而非任何你自身的不足，就像无三禅师那样，某种不足其实根本不能限制人生的高度，能够限制人生高度的只有自己的心态。真正的脆弱是内心的脆弱，真正的强大也同样是内心的强大。如果不能蝉蜕于自卑的桎梏，生命也将无法释放出耀眼的异彩。

那些不切实际的梦，是时候醒来了

在浮躁喧哗、追名逐利的时代里，拥有梦想是一件难能可贵的事。它是生命的信仰，是生活的指明灯，是内心前行的动力。只是，梦想也分为很多种，也需要一个可以完全容纳它的平台，如果一切想法都只是虚无的“白日梦”，那比没有梦想更加可怕，它可能会毁掉你的一生。

集市上，有个老人摆着个捞鱼的摊子，向有意捞鱼者提供渔网，人们可以随意地从盆中捞鱼，捞起来的鱼就归捞鱼人所有。当然，世上也没有如此便宜的事，因为渔网很容易就破碎了。

一个年轻人来到跟前，蹲下去捞鱼。他捞碎了三只渔网，一条小鱼也没捞到，心里十分懊恼。他见老人眯着眼睛看自己，似乎在嘲笑自己的愚蠢，便不耐烦地说：“老板，你这渔网太薄了，几乎一碰到水就破了，那些鱼怎么可能捞得上来呢？”

老人笑着说："年轻人，你在捞鱼时为什么不想想，你手中的渔网是不是能承受得住呢？有追求不是坏事，可你也要懂得自己有没有那个实力。"

"我就是觉得你的渔网太薄，根本就是不想让人捞起你的鱼。"

老人没说话，接过年轻人手中的渔网，不一会儿就捞起了一条活蹦乱跳的小鱼。

"年轻人，你还不懂捞鱼的哲学！这跟追求爱情、事业和金钱是同样的道理，当你沉迷于一个目标的时候，要衡量下自己的实力，千万别好高骛远啊！"

这番话，确实值得思索。当年龄开始以"3"打头的时候，看着一事无成的自己，绝大多数人都会感到茫然和焦虑：自己本不是没有理想和抱负的人，为何会混得这么狼狈？也许，正是因为你的梦想太大了，你从一开始就给自己选择了一件根本无法做到的事。

每个人都有理想和追求，也该努力去将其实现。但前提是，你必须要准确地衡量和评估自己，"离开"那些不切实际的梦想，找到一个能靠自身的能力和条件达到的高度。如若不然，等待你的就只有不辞劳苦的追逐，听到周围人空叹你的轻狂，最后弄得自己也只能感叹生不逢时。

陈豪大学毕业后，踌躇满志地给自己定下诸多目标，可眼看到了三十岁，却一事无成。为了疏解内心的苦闷，他远离城市去了乡下的老家。他的爷爷曾在一所大学任教，退休后就搬到了乡下，说要享受一个清静的晚年。

他走进老宅的时候，爷爷正在一间小屋子里看书。看着孙儿满面愁容的样子，便和他聊起了工作和生活。听闻孙儿的倾诉，爷爷对他说："你先帮我烧壶开水吧！"

陈豪本想用燃气灶烧水，可爷爷却指了指院外的小火灶，那上面摆着一只大水壶，只是旁边没有柴火，他只好到外面寻拾。很快，他拾了一捆枯枝回来，给壶里灌满了水，堆放了些柴火便烧了起来。可是，水壶太大了，一捆柴火都烧完了，水也没有开。

不得已，陈豪又到外面找柴火。等他找到足够的柴火回来时，那壶水已经凉得差不多了。这次，他变得聪明了，没有急着点火，而是又出去找了一些柴火。这一次，有了足够的柴火，一壶水很快就被烧开了。

这时，爷爷问他："如果没有足够的柴火，你怎么把这壶水烧开？"陈豪想了想，没说话。爷爷说："如果那样，把壶里的水倒掉一些不就行了吗？"

陈豪似懂非懂地点了点头。"你是个好强的人，一开始树立了太多的目标，就跟这个大壶里装的水太多一样，而你又没有准备好足够的柴火，所以根本不可能把水烧开。要想把水烧开，你要先准备足够的柴火，或者把水倒出一些。"

这番话点醒了陈豪。在乡下居住的半个月，他认真地回忆自己过去所设定的目标，把计划中那些不切实际的想法一个个都删掉。回城之后，他利用业余时间学习相关的技能，为自己充电。两年之后，他的目标基本上都实现了。

不经世事的年纪，许多人都有一颗闯天下的心，对未来有着美好的憧憬，人生的远景似乎总是繁花似锦。殊不知，梦想与现实之间，也存在一定距离，而且任何梦想也不可能是一蹴而就的。随着年岁的增长，有了一定的经历，或是碰了几次壁之后，若还是追寻着那些遥不可及的目标，活在虚幻的憧憬里，那就不是在追梦，而是在浪费时间了。

当青春渐行渐远，责任越来越重的时候，真的要让自己从那些五光十色的华美梦境中醒来了，把更多的时间和精力投入到现实的事业中去，至少让自己每走一步，就要有些许的收获，慢慢地积累，才能成就人生的金字塔。

离开温暖的庇佑，不让父母做自己的拐杖

网络上曾经报道过这样一件事：年近六旬的父母离家出走，只为逼儿子独立。

临走前，父亲给儿子留下一封信，里面这样写道："我们根本没法满足你的要求，没法帮你解决工作问题，只有选择离开或逃走……爸妈不能永远陪伴在你身边。我们在你身边，你永远就像小树一样，长不大、醒不来，永远都不能自立、自强……"

事件中的儿子叫王雨，中专毕业后参军，后又进入父母的单位做工人。几年后，他被领导调换了职位，做机械维修，他觉得这工作太累人，没有以前的工作好，心里一直不舒服。想到父母也是单位的工人，尽管退休了，但总能疏通疏通关系，给自己调职。他跟父母提了几次，却都被告知没有办法。为此，王雨在家大吵大闹，他知道解决不了什么问题，可就是想用这样的方式发泄心中的不满，根本不顾及父母的感受。

终于，年迈的父母离家出走了。这下子，王雨的生活全乱套了：没人给他做饭，他自己又不会炒菜；没人给他洗衣服，他也懒得动；到了交水电费、电话费的时候，更不知道该怎么办。父母突然间的离开，让他不知所措，就连平日里最喜欢的游戏，现在也没心思玩了。他四处寻找父母的下落，能找的地方几乎都找遍了，可都没见到父母的身影。

无奈之下，王雨只好报警，请求帮助。民警对此事做了登记，说会尽力帮忙，可不管怎么打电话，他父母的手机总是关机。半个月后，民警终于跟王雨的父母联系上了，可老俩儿口的态度很坚决：暂时不会回家，就想锻炼儿子自立自强。

了解了情况之后，民警开始劝王雨："都快三十岁的人了，早该独立了。现在父母暂时离开，你应该自理自立。该吃饭就自己做饭，该上班就去上班。"王雨听后没说话，只是点点头。

后来的一两个月，父母也会给王雨打电话，问问他的生活起居和工作状况，但仍然没有提回家的事。也许是时间的缘故，王雨逐渐从恐慌、焦虑变得冷静，接受了父母离开的现实，他现在基本上可以保证正常的生活和工作，但心理上仍然渴望父母回来，还并未真的适应。

此事一经报道，立即引起一阵议论狂潮。有位情感心理专家说，一个人在成长的过程中，会经历很多的"断奶期"，而王雨有过读书、参军、工作等经历，却仍然如此，确实是一件很可悲的事。

都说三十而立，一个三十岁的成年人，应该代替父母担起家庭的责任了，结果还要闹得父母要离家出走，逼着他去独立。当然，这件事不乏父母的责任，在教育问题上没能及早培养孩子的独立性。但是，作为王雨本人呢？他也接触外面的世界，也会看到一些同龄人的生活状态，却没有过任何的自我反思，不得不说这是他幼稚的一面，也是他一直以来习惯了依赖的性格使然。

专家统计，在城市里有30%的年轻人靠啃老生活，65%的家庭存在啃老问题。“啃老族”很可能成为影响未来家庭生活的“第一杀手”。不少年轻人，不是找不到工作，而是不愿意工作，嫌工作压力大、工资低，索性就辞职了。不用租房、不用交生活费，心安理得地啃起父母的那点钱，一晃荡就到了谈婚论嫁的年纪，还要指望着父母给自己准备房子、婚礼……试问：你心疼过父母吗？作为家庭里的一分子，你承担起自己的责任和义务了吗？

当我们呱呱坠地的时候，手里握着一根无形的“拐杖”，那就是父母的牵挂和关爱。当我们在这份关爱的呵护下，长大成人、成家立业之时，就应该把这根拐杖还给父母，让他们也能够在爱的搀扶下，走过一段温暖美好的晚年生活。离开父母呵护的“拐杖”，尽快让自己成为一个独自站立和行走的人，这应该是每一个有责任心的人都必须要完成的角色转换。

不要因为畏惧辛苦就放弃追求，轻松的环境看起来是个养人的好地方，但充其量只是一个“大鱼缸”而已，没有活水源，没有发展的空间，表面的平静下隐藏的就是巨大的危机。人的天性中原本就有喜爱安逸、享受舒适的惰性，很多年少时有理想、有追求的人，到了中年还是一事无成，多半都是因为在安逸的环境中待久了，渐渐失去了斗志，失去了拼搏的勇气。外加舒适的环境缺乏激烈的竞争，人的思维能力和应变能力也会变得迟钝，最终就只能沦为环境的奴隶，庸碌一生。

许多行走在奔三路上的人，都已开始慢慢地经营自己的事业和家庭。也许，父母还有能力帮你，在生活中能给你带来更多的舒适和惬意，可别忘了，他们不能伴随你一辈子，终有一天你要依靠自己的力量去走完剩下的人生路。与其到那时再彷徨无助，不如从现在开始主动走出家门，丢掉扶持的“拐杖”，锻炼自己的生存能力，务实地找到自己的位置，开启属于自己的人生。

一辈子不长，别让虚荣绑架了自己

电影《大腕》里有一出讽刺虚荣的戏：

两个精神病患者在讨论人们购房的心理，一个病患一脸骄人得意之色，说："社区里再建一所贵族学校，教材用哈佛的，一年光学费就得几万美金，再建一所美国诊所，二十四小时候诊，就是一个字——贵。看感冒就得花个万八千的，周围的邻居不是开宝马就是开奔驰，你要是开一日本车呀，你都不好意思跟人家打招呼……什么叫成功人士你知道吗？成功人士就是买什么东西，都买最贵的，不买最好的。"

简短的一番话，真可谓把虚荣二字描绘得淋漓尽致。虚荣，顾名思义，即虚假的荣耀。事实上，每个人都有虚荣的一面，这是因为潜意识里谁都渴望成为优秀的人。这种对优秀、对成功、对幸福的追求，是一种本能的需求。只不过，凡事过犹不及，过度地追求荣耀，就会变得好空谈、好攀比、不务实，待人接物很难做到坦荡处之，生怕别人看不起自己，生怕别人不认同自己。如果遭遇别人的冷眼，就会感受到莫大的心理压力，往往不惜代价去创造条件让外界接纳自己，高看自己。

有一位大学教授，亲眼目睹了这样的场景：

端午节前几日，有一位农村妈妈来看望在此校读大学的儿子。她穿着朴素但略显土气的衣服，挎着一篮粽子，她的儿子在校门口“迎接”了她。不过，他并没有让远道而来的妈妈上宿舍里喝口水，反而像避嫌似的催促妈妈快点回去。妈妈把一篮粽子递给他，他决绝地推托着。最后，这位母亲只好原封不动地带着这篮粽子往回走。背影里，那位妈妈抹了一下泪。

教授说，他认识这名学生，老家在农村，是学校的贫困生，学习成绩一直不错，自尊心极强，比较内向，也很少和同学沟通交流。当天，他发现自己的学生正在校门口与一位五十多岁的农村妇女争论，就站在不远的地方关注，听了好一会儿才知道这位农村妇女是学生的母亲。母亲因为儿子春节没有回家过年，思子心切，不远千里从老家赶来看望儿子。知道儿子从小爱吃她包的粽子，就包了很多，想让他也带给同学们尝尝。没想到，对于母亲的突然造访，这名学生不仅没有感到欣喜，反倒十分震怒，他怕别人看到自己衣着破旧的母亲，就想赶紧让母亲离开。在这个过程中，母亲两三次小心地说：“要不要把粽子留下来？也可以分给同学尝尝。”那学生有点恼恨地说：“你快走吧，谁还吃这个东西？”说完，就转身进了校门。

教授看完，追上了边走边抹泪的母亲，想劝她到学校里看看。这位母亲见有老师追上来搭话，急忙抹掉眼泪，强颜微笑，连声说没事没事，谢绝了老师的邀请，说家里还有活要忙，说完就急步离开了。

如此自尊，如此虚荣，实在可悲！不敢坦然接受经济拮据的现实，不能辨识在自己的生活里孰轻孰重，害怕别人发现自己的贫穷而内心忐忑，伤害至真至善的母爱，这样的人，纵然学业再优秀、日后工作再出色、事业再成功，又如何？从内心上讲，他依然是一个懦夫，他所做的一切，不过是在掩饰内心怕被人看不起的自尊罢了！这样的自尊是扭曲的，犹如沙基建塔，无根基，很虚幻。

卢珊长得漂亮，脑子又机灵，只是虚荣心极强。买衣服一定得是名牌，并且还要带明显的商标。男友爱她，也就在力所能及的范围内满足她的需求。交往几年，两个人把结婚搬上了日程。为了给她一个安稳的家，男方付全款买了房。在这个高房价的时代，能够不用当房奴就住上宽敞明亮的房子，着实满足了她那份强烈的虚荣心。一时间，她成了同事、朋友、亲戚眼中的“幸福女人”，一切只因她“嫁得好”。

可是，临近婚期的时候，卢珊却又生出了事端，非要男方家买一辆30万元的车。男友跟她商量，希望能够把条件放低一点，买个10万元左右的车。她不同意，非说买不起想要的车就不结婚。她倒并非只看重物质而不爱男友，只因不久前她那位样貌才学都很普通的表姐，嫁了一位有钱的公子哥，生活品质一下子就变了，这让她心里很不舒服。在男友面前，她也没多想，一股脑儿就把自己的想法都说了出来。

男友夺门而去。这一走，他们之间的感情也彻底断了。男友一周后打电话给卢珊说：“我想重新考虑一下自己的婚姻。每个人都有虚荣心，可凡事得有度，物质不是一切，很多东西是钱买不来的。我不是你那位有钱的表姐夫，也满足不了你所有的虚荣心，我还是愿意找一个淡然点的女人，跟我过一辈子，所以……”相恋四年，所有的青春、所有的美好，全部在虚荣的旋涡里沦陷了。

不愿意脚踏实地地生活，希冀着奇迹能在顷刻间出现；注重浮夸的表象，追求虚假的荣耀；忽略了纯粹而真挚的情感，错失了生命里最珍贵的东西；内心修炼不够，动不动就与人比较……当欲望和虚荣占据了心灵，幸福就无处安放了。

生活中，要学会尽量克制自己的攀比心，经常这样告诉自己：不去羡慕别人的荣华富贵，我所拥有的就是最好的，因为这是我得到的；努力去创造生活的精彩，享受这个充满喜悦感动的过程；保持一颗平常心，在人生的竞技场上，不用跟别人比较，你自己就是主角；不以结果论好坏，不以收获论成败，认真体悟付出带来的价值。

过去的悲与喜，都只属于昨天

陈红经历了一次马拉松之恋，长跑了七年，终是没能挨过那一“痒”，与恋人分道扬镳。青春的岁月里，有多少个七年？可惜，感情的事一向如此，逝去了就再无法回来。看着周围的朋友都纷纷结婚生子，不是出双入对，就是幸福的一家三口，原本还能一起出来小聚的闺蜜，而今有了家庭，少有多余的精力出来玩乐了。她猛然发现，自己真的变成了“剩女”，那种孤独和落寞，让她对生活感到很绝望。

当然，更尴尬的还是年龄。失恋本就痛苦，30岁时失恋绝对是在伤口上加了一把盐。谁都知道，30岁之后女人的身体和精力都会走下坡路，长辈们和已婚人士也多次提及，女人最好在30岁前要孩子……这些话听在耳朵里，疼在心里。要重新开始一段感情，谈何容易？还能否像从前那般全心全意爱一个人，更是个未知数。正所谓：一朝被蛇咬，十年怕井绳。陈红心里的苦水，不知道该往哪儿倒，只能像一汪水窝在心里，等着时间让它干涸。

与陈红相似，杜飞的日子也不好过。他在建筑公司做设计，每天的工作就是不停地做设计图，等着客户的“宣判”，幸运地通过了就暂时松一口气，如果被毫不留情地否决了就再修改，直到对方满意点头为止。

杜飞心里很讨厌这种感觉，尽管他热爱这份职业。想起自己读书时，巧妙的设计得到过许多奖项，还差点获得国际上的一次大学生建筑设计大奖。那时候，周围的人都羡慕他，也敬佩他，他是设计系出了名的“才子”。那时，他盼着自己能早一点参加工作，施展自己的才华，想象着也许多年以后，大城市里的某些标志性建筑就源自自己的创意。

然而，理想很丰满，现实很骨感。工作之后，杜飞才发现，自己当初的想法简直是太幼稚了。不管从前获得什么奖，走进职场他也不过是个新人。重要的建筑，公司不可能交给他来设计，而他接待的那些普通客户，又根本无法理解他的超前设计理念。对于这样的现状，杜飞很不满意，他甚至没了工作的动力，只是像机器一样不停地重复着设计、修改的过程。

他无比怀念过去的时光，自己的作品能够被人欣赏，自己被很多人仰慕。他更加怀念那时候的自己，思维活跃，充满信心，感觉生活完全在自己的掌控之中。闲下来的时候，他就到网上看看同学的状态。他发现，大家都在变，他们所提到的人、经历的事、贴出来的照片，也都越来越陌生。原来，大家都有了新的生活，怀念过去的似乎只有他一个人。

生活中有很多的“陈红”，也有不少的“杜飞”。在青春渐行渐远的同时，体会到了生活的诸多无奈，有的是感情上的挫败，有的是事业上的跌倒，还有的是生活里的变故，这些残酷的现实是他们从前没有想到的，也没有切实体验过的。如今，突然间要面对这些与理想完全不同的情景，心理上势必难以接受，甚至有些排斥。随之而来的，就是对眼下生活的厌倦，对过去的怀念，甚至希望人生可以重来一次。

只可惜，人生就是一张单程票。回忆再好，终究也无法再来一遍。尽管每个人都可能会怀念年少无忧的岁月，但日子总在前行，过去的悲与喜，都只属于昨天。青春过后，还会有更多的精彩等着你去创造、去感受。人生，不能停留在任何一个时刻。

当代著名的大提琴演奏家波罗·卡萨尔斯，曾深情地写过这样一段话：“我在每一天里重新诞生，每一天都是我新生命的开始。明天将是新的一天，应当重新开始，振作精神，不要让过去的错误成为明天的包袱。”如果还总是对过去耿耿于怀、难以放下，那只会徒增伤感，只能为逝去的流年白白耗费眼前的大好时光。唯有勇敢地放下，离开过去，才能重新开始。

记得曾经看过一则英国首相劳合·乔治的故事。

某天，劳合·乔治与朋友在院子里散步，他们经过每一扇门，乔治总是随手轻轻地把门关上。朋友见此对乔治说：“你没必要把这些门关上。”乔治回答：“当然有这个必要。我这一生都在关我身后的门。你知道，这是必须做的事。当你关门时，也将过去的一切留在了后面。然后，你又可以重新开始。”朋友听后，陷入了沉思。

对于一位领袖而言，他所经历的事情肯定比常人要多得多，他都可以如此坦然地关闭过去，我们又有什么可犹豫的呢？不管过去有多少荣耀、有多少阴霾，只要关闭它，选择离开，那么等待你的就是未来。

拿破仑·希尔说过：“在现实生活中，你们不可能锯木屑，因为那些都是已经锯下来的。过去的事也是一样，当你开始为那些已经做完的和过去的事忧虑的时候，你不过是在锯一些无用的小木屑。”既然是无用，那么不如决绝地离开，认真而勇敢地活在此刻。

第7章

把后半辈子还给自己，追随内在的声音

做自己想做的事，成为自己想成为的人，是生命中最快乐的事，也是最难的事。无论你做什么，怎么做，做得好坏，都会有人不满意，会说三道四。若是怕被人说，怕别人的评价，就会动摇自己的立场，选择妥协。世界上那些遗憾没按照自己心愿生活的人，绝大多数都是这样，输给了外界的声音。你该明白，生命的舞台上，唯有自己才是真正的主角，不要让别人来操控你的人生剧本，你有权利主宰自己的所有，你更该有勇气过你想要的生活。

永远保持一份生命的本色

米白色的布衣衬衫，青绿色的棉麻长裤，简单毫无修饰的布鞋，刚刚过肩膀的中长发，白皙素颜的脸庞……几乎所有认识凌素的人，说起她的名字，第一时间映在脑海里的都是这样一副模样。她并未刻意装扮，只是觉得这样的衣服穿着舒服，而且朴素简单一向都是她的嗜好。

凌素喜欢安静的生活，读大学时，同寝室的女孩子叽叽喳喳地闲聊，她总是像猫一样窝在上铺，戴着耳机听音乐，手捧着一本书。倒不是拒人于千里之外，在他人需要帮忙时，她的热情和善良绝不亚于任何人，她只是不善言谈，不习惯说那么煽情、漂亮的话。

工作后，家人和熟悉她的朋友，常常会给她讲述一堆的道理，大致都是在说，她太过与世无争，太过安静沉默，在现代社会中生存恐怕会吃亏。至少，要学会推销自己，要善于融入人群，要懂得圆滑处世，诸如此类。这样的话听多了，常常会让她陷入莫名的恐惧中，担心自己真的如他人所言。她也曾试着做出过改变，努力地融入某个群体，刻意地多说几句话，把热情挂在表面上，可事后却总觉得难过，那滋味就像是一个演技拙劣的演员当众出了丑，私下里暗暗懊恼和自责。

纠结过后，她还是选择做回那个安静的自己，当别人再说起那些所谓的道理时，她只是淡淡地笑。她说："安静无言并不是陷入空白，而是有一个更深广、更澄明的所在。当我安静下来思索人生，明确内心的追求，同样也结合现实生活，不为世俗所累。我想保持一份生命的本色，聆听安静时光下自己的声音，由内而外地去改变，突破胆小、怯懦的自己，安静地成长，不慌不忙地得到我所期盼的所有。"

对爱情，她始终留着一份敬畏。在浮躁的怂恿下，当周围的人开始抱着游戏人生的态度，随意挥霍着青春、品尝爱情的味道时，她还静静待在那个无人问津的世界里，等着生命里那个最对的人。直到已经有朋友开始谈婚论嫁了，她仍旧独身一人。长辈劝她，眼光别太挑，心气别太高，现代的爱情只要经济实惠就好；朋友劝她，别把爱情当成透明瓶子里的标本，不接地气的幻想会错过许多。

她何尝不知呢？在物质世俗的社会，多少人都把金钱、权力、车子、房子、背景视为对生命的追寻和身份的认可，对待爱情往往还未开始就已经附带了多个条件，可那绝不是她想要的感情。不管周围的人怎么看、怎么说，婚姻和爱情终究是自己的事，就像鞋子，她只选择舒适合脚的，不在乎是不是奢侈的品牌、是不是流行的新品，那些都只是外在的形式，经不住时间的考验。于她而言，只想有一个懂自己的人，默默地陪着自己，走完或长或短的一生。

约瑟夫·坎伯说："人们说我们都是在追寻生命的意义，我们不认为那是我们真正追寻的，我认为我们追寻的是活着的体验——让我们能感觉到活着的喜悦。"

凌素是幸运的，因为她在饱受质疑后，依然选择安静地活着，做最真实的自己。而现实中，太多人都是迫于他人的意志，放弃了自己所喜欢的生活模式，而去扮演一个被大众所接受的"角色"。想象一下：当生活就像是为了演戏而演戏，会是什么样？必定无法感受到成长和沉淀，甚至不知道自己生活的目的是什么，即便有"目的"，也不外乎是符合世俗的某些标准。当真正的自己被悄悄地掩盖，找不到自我的价值时，结果必然就是丧失自信；没有自信，必然被他人的观点所左右，心情随着他人的评论起起伏伏，甚至在自卑的巢穴里越陷越深。

其实，做自己有什么不好呢？哪怕不够完美，可生命正因有了裂缝，阳光才能照进来。你若是玫瑰，就绽放浪漫与火热；你若是莲花，就散发清香与优雅。不要去计较身上的刺，也不要嫌弃脚下的那片淤泥，只要记得：你有自己的美，便能感受到上帝的恩宠。

但愿在未来的日子里，我们都能够保持生命的本色，就像周国平说的那样："我唯愿保持一份生命的本分，一份能够安静聆听别的生命，也使别的生命愿意安静聆听的纯真，此中的快乐非浮华功名可比。"

想一千次，也不如去做一次

有人说过，追求梦想的路，注定是孤独的。这条路，充满了艰难困阻，太多的痛苦无法倾诉，也无处倾诉，只能默默地承受；这条路，会有N个坎坷和N次失败，考验着一个人的耐性与毅力；这条路，漫长而曲折，没有直达的捷径，只能一步一步地去走。

现实中，许多人一直在憧憬着这条路，想象着在路上的种种情景，却始终没有勇气迈开脚步，怕孤独、怕寂寞、怕失败、怕失去，任由岁月匆匆过，留下一个空空的梦。还有一些人，开始迈上这条路时，怀着无比坚定的信念，走得久了，累了，就放弃了；或者，走在路上，受到了其他的诱惑，忘记了当初为什么而出发，见异思迁了。所以才有人说，通往成功的路并不拥挤，因为坚持到最后的人不多。

记得曾看过一则铁眼和尚的故事。

相传，铁眼和尚在修行的过程中，曾经立下誓言，利用募捐的钱修建一个金身佛像。许多师兄弟对他的想法表示赞同，毕竟这件事若可以实现，那真是功德无量的大好事，只是真要让众人募捐，恐怕没那么简单。

铁眼和尚心里自然也明白这些，但一言既出驷马难追，既然立下誓言，就要实现。第二天早上，他就来到集市，向来往的路人乞讨募捐。

一位武士从他面前走过，铁眼和尚赶忙施礼道："贫僧誓愿为我佛塑一座金身，就请施主捐一点吧！"武士看都不看他一眼，自顾自地迈着大步向前走了。

铁眼和尚见状马上追了上去，谦卑地说："施主开恩，不在多少，都是向佛的一片心意！"武士非常生气并干脆地拒绝道："不给！"说完接着大步走开。

铁眼和尚锲而不舍地跟在后面，一直走了好远好远，那位武士实在拿他没办法，就随手扔了一文钱在地上。铁眼和尚如获至宝，捡起钱向那位武士施礼还谢。

武士看着他，觉得很可笑，就问："和尚，一文钱就乐成这样子？"

铁眼和尚谦卑地答道："这一文钱是贫僧实现宏愿的第一文，如果我连一文钱都化不到，我的心志也许就会产生动摇，所以感到欣喜。"说完，他又向武士再三道谢后，便顺着原路回到市集继续化缘了。

从此之后，铁眼和尚无论春夏秋冬，还是严寒酷暑，始终坚持着募捐化缘，每募捐到一些钱他都非常珍贵地保存下来，自己却过着含辛茹苦的日子。经过了无数个艰难困苦的日夜，铁眼和尚终于募集了足够的资金，实现了自己的宏愿。

万事开头难，幻想家被开头的难题纠缠着虚度光阴时，梦想家已经一人、一履、一果敢，张帆远航；幻想家被过程的艰辛打磨着做了虎头蛇尾的逃兵时，梦想家依然在一人、一履、一坚守，披荆斩棘。既然有梦，就别怕失败，勇敢地做一个追梦人吧！

唯有思想独立，才不至于迷失自己

看到朋友做IT升职加薪、公费出国了，又羡慕又嫉妒，恨不得自己赶紧改行换业，跟别人平起平坐；看到同事买房了，心里又一阵焦急恐慌，恨不得明天就攒够首付，也告别租房时代；看到姐妹嫁了有钱人，心里酸溜溜的，看身边的爱人怎么都不顺眼，似乎现在的不顺心都是他导致的，无奈之下甚至还想到了离婚……

这个世界，总是充满了诱惑，尤其是看到周围熟悉的人品尝到了成功与幸福的果实时，就更想试一试别人走的那条路，希望从中找寻到自己想要的东西，却从不去想，别人的路是否能通往你想去的地方？比尔·盖茨很有才，也很有财，他银行里的钱到底有多少，谁也不知道。但有一点你要清楚：他的钱再多，与你无关。他走过的那条路，自他走过之后，别人也尝试过，可怎么也走不通了。

人与人不同，思维也存在差异，环境日新月异，跟着别人的脚步，永远也找不到自己的路。

一个成熟自信的人，就算没有成功的事业、没有可观的高收入，心中也必须要有自己的主见，绝不能被“随大流”的思想困住。

很多事情没有唯一的标准，在命运之神并未敲定人生道路之前，一切都是未知数。一个具备独立思考能力的、成熟的人，在生活中绝不会做一个随大流的木偶，更不会因为别人说什么、做什么就轻易地嘲讽自己、怀疑自己、贬低自己、改变自己。

哲学家苏格拉底曾经被人说成“让青年堕落的腐败者”；贝多芬拉小提琴时技术并不高明，他宁可拉自己作的曲子，也不肯做技巧上的改变，老师说他绝对不是当作曲家的材料；达尔文决定放弃行医时，父亲斥责道：“你放着正经事不干，整天只管打猎、捉狗捉耗子的。”他在自传上还写道：“小时候，所有的老师和长辈都认为我资质平庸，我和聪明沾不上边。”

后来呢？这些人全在各自感兴趣的领域、各自坚持的路上，走出了不一样的精彩、不一样的人生。

每个人的成长环境不同、经历不同、思想追求亦不同，这就注定了人生之路走的方向和步伐不一致。也许，你看到周围的人在他的路上走得很欢快、很顺畅，而你要走的路却布满荆棘，心里觉得可能是自己错了，应该跟着别人走。可是，你怎么会知道，那条顺畅的路前面没有沟壑险阻，而那片荆棘之后没有遍地鲜花呢？

当你确定了自己的爱好，确定了自己要走的路，那么不要迫于压力而不敢坚持自己的信念；也不要因为看着别人如何如何，就放弃自己的选择。如果你没有自己的主见，生活就成了随大流的追逐。你疲于追赶别人的步伐、疲于博得别人的肯定、疲于应对自己不喜欢的生活，等到老去的那一天，你一定会后悔此生没有真正地活过。

说到底，人生最大的挑战，是在一个力求让你变得跟众人一样的世界中做你自己；而人生最大的成功，则是努力地实现了自我，做了自己想做的事。

找到合适的位置，是给自己最好的礼物

世上没有无用之才，垃圾是放错了地方的财富，庸才是放错了位置的人才。

有个乞丐，在都市繁华的地铁口卖铅笔。一位商人路过，向乞丐的杯子里投进了一张纸币，匆匆离去。过了一会儿，商人回来取铅笔，他说："不好意思，我忘记拿铅笔了，因为你我都是商人。"

几年之后，商人参加一个高级酒会，席间有一位先生向商人敬酒致谢，并告诉商人，他就是当年在地铁口卖铅笔的乞丐。他能够成为现在的样子，完全是得益于商人的那句话：你我都是商人。

这句话提醒了他，别把自己定义为乞丐，乞丐不是你的位置。之后，他开始向着商人的位置进军，依靠着做小生意赚钱，而非乞讨度日。他找到了自己的生存意义，找到了谋生的新途

径，找回了内在的尊严，也找回了对生活的自信。就这样，他的生意越做越大，最终真的变成了和那位商人一样的角色。

这样的事有一定的偶然性，大多数人境况还不至于沦落至此，大都是平平常常、靠自己的能力赚钱度日。不过，生活的道理却是相通的，无论你现在做着什么，如果你没有方向，只是把自己定义为“谋生”的角色，那么这一生你都有可能平庸无奇。也许多数人会反驳说，初入社会时大家都很茫然，为了生存的需要只得随意给自己找一个位置，作为暂时的落脚点。

可是，在落脚之后呢？有人在落脚的同时，没有放弃寻觅更合适的位置；有人却因为习惯，就把落脚点当成了永久的栖息地。时间如梭，一转眼奔三了。原本站在同一起跑线的人，在十年不到的时间里，拉开了距离。看着别人在事业上平步青云、在生活中如鱼得水，而自己还在过着枯燥无望的日子，这是谁造成的呢？

社会中有成千上万个位置，但真正适合你的位置并不多。若总是心血来潮，冲动行事，做一些自己不熟悉、不擅长的事，那样等待你的只有失败。一个人长期找不到发挥的舞台，慢慢地就会产生随波逐流、得过且过的想法，把自己当成“垃圾”随地乱扔，埋没了潜在的才能。

有一位小伙子，对自己的现状很不满意，终日愁眉苦脸。无奈之下，他只好去拜访自己的老师，希望老师给他指点。他对老师说，自己马上就30岁了，对生活也没太多的奢望，就是想找一个称心的工作，稳定下来。可能在别人看来，他跟老师说这番话是出于私心，希望老师给他搭个桥，可实际上他内心并未多想，只是希望能安稳下来。

听了他的讲述，老师问他："你到底想要做什么呢？"

小伙子说："我也不是很清楚，我从来没有考虑过这个问题。只是觉得，现在的工作我一点都不喜欢，干得没劲儿。我想要的生活完全不是现在这个样子。"

老师接着问："你有什么爱好和特长吗？对你而言，什么是最重要的呢？"

小伙子很诚实，坦白地说："我不知道。我没有仔细考虑过这些。"

老师追问："如果让你选择，你想做什么？你真正想要做的是什么呢？"

此时，小伙子已经懵了，困惑地说："老师，这问题我真的不知道怎么回答。我不知道自己喜欢什么，也没想过，说不上来。"

老师听后，摇了摇头，笑着说："你对自己的现状不满意，想离开到其他地方去。可是，你又没有明确的目标，不知道自己想去哪儿，也不知道自己喜欢什么、能做什么。这样的话，你怎么改善你的生活呢？如果你真的想做点什么的话，就不要再犹豫，必须给自己拿定主意。"

老师凭借多年来对小伙子的了解，加之对他进行的能力测试，发现他其实有很多潜在的能力。最后，他告诉小伙子："每个人都该找到前进的动力，但更重要的是培养目标感和对自己的认识。现在你还有选择的余地，再过十年二十年，也许你就真的没有了精力和勇气。”

经过几个月的反复思考，小伙子发现自己对室内设计很有兴趣。他原本也是艺术系出身，只是毕业时为了留在这座城市，不得已找了一份销售的工作。现在，他已经知道自己想要什么了，也知道自己应该怎么去做，现在已经没有什么困难能挡住他前进的脚步了。

不管从前的日子你是如何度过的，现在你都必须重视这个问题：认识自己，知道自己想做什么，能做什么。在思考这个问题时，不要受外界因素太多的干扰，想着投身于炙手可热的行业，就能得到期望的财富、地位，就能实现自身的价值。若抱着这样的思想，往往等你兜了很多圈，花费毕生的精力追求之后，才发现自己真正喜欢也能做好的事，其实根本没做，而自己一直追求的“热门”也根本不适合自己，或是没有任何意义，不过是炫目的泡沫。到那时再后悔，就太晚了。

生命的价值不在于长短，而在于是否能摆正自己的位置。站对了地方，每个人都是人才。一定要早一点理性地完成自己的定位，如此才能“看”到未来。

你用不着害怕对别人说“不”

大学生陈佳的家境不富裕，父母每个月固定给她600元钱作为生活费，这本来应该是够用的，可她却总在为钱发愁。

前几天，同学邀请她参加聚会，当时陈佳的兜里只剩下了200元钱，可她还是硬着头皮答应了，代价就是下周的饭费没有了。其实，她心里是不愿意去的，但又不好意思拒绝，怕被同学看不起。一个学期下来，陈佳已经对这些聚会感到无比厌烦，因为每参加一次，就得节衣缩食好几天。即便如此，她的钱还是青黄不接。现在，她只剩下100元钱，还得维持到月底，实在有点困难。

就在这时，她接到表姐的电话，说周四到学校附近办事，顺便来看看她，一起吃个午饭。陈佳和表姐从小一起长大，关系甚好，实在不好拒绝，表姐来这边看自己，照理是不该让她请自己吃饭的，可是自己就剩下100元钱了，怎么办呢？

一转眼，周四就到了。表姐到学校的时候已经接近午饭时间，两个人寒暄了一会儿，就提到了中午吃饭的事。陈佳囊中羞涩地想，要是到校门口的小饭馆吃饭，每个人简单吃点，自己还能剩下50元钱，勉强可以维持一周，可她仅仅是这样想，没敢说出口。

就在这时，表姐开口了："陈佳，咱们中午吃点什么？"陈佳笑笑说："你决定吧！"嘴上说得挺大方，其实她心里在默默祈祷，千万不要去太贵的地方。

真是怕什么来什么，她正这么想，却听见表姐说："我早饭吃得晚，还不是很饿，随便吃点就行。不过，这附近有点乱，咱们还是找个清静点的地方吧！"

陈佳答应着，心里却很紧张。好在，表姐对这里的环境并不是很熟悉，还得靠陈佳带路。陈佳带着表姐去了学校后门的那家小饭馆，刚走到门口，没想到表姐看到了旁边的韩国料理店，说："这儿不是挺好的吗？"

陈佳说："这儿呀，装修不错，东西一般。"其实，她心里正盘算着，如果去的话，点什么菜合适，因为她不可能对表姐说，太贵了，自己请不起。表姐似乎故意跟她"作对"，说："那也尝尝吧！"

表姐点了一道比较贵的铁板鱿鱼饭套餐，38元钱；陈佳给自己点了一份最便宜的素石锅饭，20元钱，连套餐都没敢要。这样，还剩下42元钱，她正算计着，谁曾想表姐又说："我想要一个沙拉。"陈佳算了算，一个拉沙15元，这下就只剩了27元钱。“好歹还有剩余，谢天谢地！”陈佳心里暗暗庆幸，也松了一口气。

没想到，表姐要了一份沙拉之后，又说想尝尝新出的冷饮，一杯12元钱。这下陈佳就只剩下15元钱了，她有点沮丧，可又不敢表现出来，怕表姐以为自己小气。

表姐问：“你上的是中文系，汉语言文学专业，是吗？”

陈佳点头，说：“对！”

表姐又问：“在所有的语言中，哪个字最难念？”

陈佳说：“这个我还真不知道。”

表姐说：“是‘不’字。你已经是个成年人了，得学会说‘不’，不管是对谁。我早就听姑姑说了你的情况，也知道到了月底你手里的钱肯定不多，我只不过是想通过这件事试探一下你，看你懂不懂拒绝。你呢？宁肯委屈自己，也不肯说个‘不’字。”

最后，表姐付了账，又给了陈佳100元钱。陈佳不好意思地接过表姐给的钱，心里感慨万千。当然，她也感谢表姐，能在这个时候给自己上了醍醐灌顶的一课，教她学会量力而行，在无能为力的时候，鼓起勇气拒绝。硬着头皮维护自己的面子，其实就是自己和自己过不去，自己给自己出难题。

日本有位教授曾有过这样的感叹：“央求人固然是一件难事，而当别人央求你，你又不得不拒绝的时候，亦是叫人头痛万分的。因为每一个人都有自尊心，希望得到别人的重视，同时我们也不希望别人不愉快，因而也就难以说出拒绝的话了。”

害怕说“不”，其实是一种以自己主观为蓝本来看别人的心理投射。总担心自己的拒绝会给别人带来伤害，而本质上是自己内心受不了被人拒绝。这样的人，可能是曾经有过被拒绝的创伤，也可能是有着脆弱的自尊，做事太顾忌面子，太在意别人对自己的看法。

也许，你正因为不懂拒绝、不会拒绝，使得内心饱受煎熬。其实，大可不必如此。当别人开口向你发出请求时，他已经做好了两种准备，一种是被接受，一种是被拒绝。所以，无论你给出怎样的结果，对方都可以接受，完全不会如你想象得那般承受不住。

卡耐基曾说：“学会拒绝的艺术，既可减少许多心理上的紧张和压力，又可使自己表现出人格的独特性，不至于使自己在人际交往中陷于被动，生活也会变得轻松、潇洒些。”如果你仔细斟酌、权衡一下，觉得答应对方的要求将给自己或其他人带来伤害，那么，你就应该当机立断予以拒绝，决不要为了面子上过得去或不让别人扫兴而做违心的事。

该说“不”的时候一定要甩掉面子大胆地说出来，听从自己内在的声音。只不过，不要直截了当地说出“不”字来，这会给向你求助的人造成很大的挫折感以及失落感。在拒绝别人的时候，尽量采用委婉的语言，如此对方既容易接受，又不会怪罪你。

在有限的生命里，选择做你喜欢的事

日本最年轻的临终关怀主治医师大津秀一，在多年行医的经验基础上，在亲自听闻并目睹过1000例病患的临终遗憾后，写下《临终前会后悔的25件事》，这些事情中，大都涉及“没有做自己”的遗憾，比如：没做自己想做的事、被感情左右度过一生、没有去想去的地方旅行、没有表明自己的真实意愿，等等。

如果你承认人生是属于自己的，你发自内心地爱自己，那么你不该给自己留下这样的遗憾。人一定要做自己喜欢、自己想做的事，如此才会快乐。或许，在此过程中会遭到周围的人或环境的阻碍，但绝不能因此就放弃自己的意愿。要知道，有些事情一旦拖延，很可能就是一辈子，而我们都只有一辈子可活。

活了30岁，陆晨从来都没觉得人生是自己的。她总是暗暗嘲笑自己是父母的翻版，是家里的木偶人。

父母都是外科医生，也许是职业的原因，他们向来都非常严肃谨慎，对陆晨的教育更是严厉。小时候，陆晨很羡慕院子里一个会跳舞的小女孩，每次大家一起玩的时候，那个小女孩都能给大家跳一段漂亮的舞蹈，她穿着白色的公主裙，被众多伙伴围绕着，真的很像一个受宠的公主。偶尔，小女孩会教陆晨跳一段舞，那种翩翩起舞的感觉让陆晨很开心，她觉得自己就像一只小蝴蝶，自由自在。然而，当她向父母提出想去学舞蹈的时候，却遭到了强烈的反对，思想保守的父母说："学舞蹈有什么用？考试又不考！已经给你报了英语班，还是多学一门语言更实用。"舞蹈，陆晨的第一个梦想，就这样被无情地抹杀了。

之后，陆晨一直在做父母身边的乖乖女。高中报考文理班时，喜欢历史的陆晨想去文科班，父母又是坚决反对，说文科生报考专业时受限制太多。就这样陆晨去了理科班，虽然成绩也不错，只是面对枯燥的物理公式和化学方程式，她的心里总是一阵一阵地抵触和厌烦。

高考填报志愿时，陆晨想去师范学院读中文，父母再一次强烈要求她报考医科大学。她本不想顺从，但架不住父母苦口婆心地劝阻，最后她还是选择了上医科大学。只不过，带着沉重的心理压力，外加情绪不佳，她只考上了一个护理的专科。

读大学时，同学给她介绍了一个男朋友，两个人很是谈得来。只不过，对方不是本市的，没有房子，这段爱情又遭到了父母的反对。她抵抗不过父母的百般阻挠，忍痛和男朋友分开了，她不希望自己的婚姻得不到亲人的祝福。最后，她与父亲的一个学生结婚了。

在外人眼里，她和她的家庭幸福和谐。一家人都在医院工作，收入稳定，有车有房，衣食无忧，在这个注重物质的时代，这样的生活是多少人求之不得的。可是，她内心的苦楚有谁知道？过去的这些年里，几乎每一次重要的决定，都是别人替她拿主意。那些曾在脑海里憧憬过的画面，都成了无法触摸的梦。周围的人总说她不爱笑，就连她自己也忘了，到底是从什么时候开始自己变得不爱笑了。

也许，她不是不爱笑，而是根本笑不出来。当一个人不能做想做的事、爱想爱的人、过想过的生活时，她还有什么快乐可言呢？

作家略萨曾经说过："我敢肯定的是，作家从内心深处感到写作是他经历过的最美好的事情，因为对作家来说，写作是最好的生活方式。"因为喜欢，所以快乐，沉醉其中乐此不疲，金钱和名誉，都是可有可无的附加值。若是束缚太多，无法做自己想做的事，久而久之一定会身心疲惫、无所适从。

其实，这一点对所有人而言都是通用的。保持淡定，不为他人的言语和决定而改变自己的意愿，人生自会惬意无比。

许多年前，两个少年在厕所里相遇，其中一个男孩找另外一个戴帽子的男孩借了一点手纸。走出厕所之后，为了表示感谢，借手纸的男孩递给戴帽子的男孩一支烟，两个人一边抽一边闲聊。

戴帽子的男孩说，他最近很烦恼，家里人一直逼着他学钢琴，可他压根就不喜欢，弹得也不好。没想到，借手纸的男孩说，钢琴一点都不难，他从五岁就开始弹了，可家里人却不支持他，一直逼着他写诗，这让他很郁闷。听到这儿，戴帽子的男孩笑了，从包里拿出了一沓稿纸，说："这个给你吧！说不定用得着呢！我最喜欢写诗了。"

多年以后，那个不爱弹钢琴的男孩，成了大诗人；而那个不爱写诗的男孩，成了音乐家。他们的名字分别是歌德和莫扎特。

在家人不支持、环境不允许的条件下，两个伟大的人依旧坚持着自己的喜好，走自己想走的路，最终在各自热爱的领域里成就了辉煌的人生。更重要的是，他们都找到了属于自己的那份快乐和精神享受。

不要再抱怨"如果当初如何如何，现在就如何如何"，时间的大门一旦关闭就不可能再开启，人生就是一场单程的旅途，没有回头的路。生活太累，太多遗憾，就是因为给了自己太多束缚，不敢打破一切潜在的规则。试着把自己的感觉叫醒，放开心胸，放下种种担心和顾虑，勇敢地活出自己。快乐与幸福的秘密之一，就是在有限的生命里，选择做你喜欢的事。满足了自己在乎的事，才会觉得幸福，否则就算守着城堡、财富，也会觉得空虚和乏味。